儿童行为

塑造与养成

张瑞芳

杨瑞芳◎著

北京燕山出版社
BEIJING YANSHAN PRESS

图书在版编目（CIP）数据

儿童行为塑造与养成 / 张瑞芳，杨瑞芳著 . —北京：
北京燕山出版社，2023.6
ISBN 978-7-5402-7004-9

Ⅰ . ①儿… Ⅱ . ①张… ②杨… Ⅲ . ①儿童—行为—
研究 Ⅳ . ① B844.1

中国国家版本馆 CIP 数据核字（2023）第 127158 号

儿童行为塑造与养成

著者：张瑞芳　杨瑞芳
责任编辑：邓京
封面设计：马静静
出版发行：北京燕山出版社有限公司
社址：北京市西城区椿树街道琉璃厂西街 20 号
邮编：100052
电话传真：86-10-65240430（总编室）
印刷：北京亚吉飞数码科技有限公司
成品尺寸：165mm×235mm
字数：157 千字
印张：14.25
版别：2023 年 6 月第 1 版
印次：2023 年 6 月第 1 次印刷
ISBN：978-7-5402-7004-9
定价：56.00 元

前 言

你真的了解孩子吗？孩子言行背后的心理潜台词你真的听懂了吗？孩子种种"迷惑"行为背后，究竟隐藏着什么呢？

面对孩子的一举一动，父母要格外留心。因为读懂孩子行为背后的心理诉求，是解决儿童行为问题、促进儿童社会性发展的关键。在日常生活中，父母不仅要注意观察孩子的外显行为，还要仔细探究其内隐行为，破解孩子行为问题背后的真相，引导孩子纠正不良行为习惯，向着更好的方向成长。

好的行为习惯能让孩子受益终身。本书旨在破解孩子的行为密码，解析孩子心理发展的规律，帮助父母理解和矫正孩子的不良行为，激励孩子的正向行为，强化孩子的成长优势。

首先，本书分析了儿童的常见行为及心理诉求、儿童行为敏感期的诸多表现与特征，带你认识儿童的行为模式，走进儿童的内心世界。

其次，本书分别从儿童的生活行为、学习行为、社交行为、性格行为等多个方面入手，教你正确应对孩子日常生活中的种种行为习惯，及时给予孩子充足的心理营养，引导孩子远离不良行为、养成好的行为习惯，并逐渐成长为一个自理自律、勤学敏思、高情商、内心强大的人。

最后，本书详细解析了良好亲子关系的表现、重要性和不良亲子行为带来的负面影响等，指引父母尽可能地给予孩子爱与安全感，帮助孩子快乐成长。

本书从儿童心理学和儿童社会学视角出发，着重解析孩子养成不良行为习惯的原因及父母正确引导的方法，旨在帮助父母培养孩子良好的行为习惯，提高孩子的综合素养。全书语言流畅自然、娓娓道来，内容丰富具体，逻辑清晰完整，书中结合具体案例为父母提供了中肯的建议与指导。

读懂孩子的种种行为，是父母认识孩子的第一步。翻开本书，了解社会化视角下孩子的不良行为纠正和正向行为塑造的方法，为孩子健康、幸福成长保驾护航。

作　者

2023 年 2 月

目 录

第一章

揭秘行为：走进儿童的内心世界

第二章

关注行为：不容错过的儿童行为敏感期

第三章

生活行为：培养自理自律的孩子

第四章

学习行为：培养勤学敏思的孩子

第五章

社交行为：培养高情商的孩子

第六章

性格行为：培养内心强大的孩子

第七章

亲子行为：让孩子在爱中快乐成长

第一章

揭秘行为：

走进儿童的内心世界

　　身为父母，你了解自己的孩子吗？是否能听得懂孩子的心声呢？也许有的父母会觉得，自己每天和孩子朝夕相处，对他们再了解不过了。而实际上，一些"粗枝大叶"的父母，只注重孩子的衣食温饱，却忽略了他们言行背后的心理诉求，慢慢地和孩子成了最为熟悉的"陌生人"，并没有真正了解孩子。

　　关注孩子，走进孩子的内心，需要重点关心孩子的言行举止，揭秘孩子行为背后的意图，这样才能真正地认识孩子、了解孩子，也才能进一步懂得他们的真实心理需求，进而更好地引导孩子健康成长。

你真的了解孩子吗

你真的了解自己的孩子吗？相信很多父母对于这样一个问题，都会自信满满地给出肯定答案，有人还会理直气壮地反问："这有什么好问的？我自己的孩子，我还能不了解吗？从呱呱坠地开始，一路小心呵护，抚养着他们长大，怎么会不了解他们呢？"

然而，很多时候事实并非如此。一些父母虽然亲手照顾、养大了孩子，但并不一定真正做到了对孩子的全方位了解，也并没有真正走入孩子的内心世界。父母看到的往往只是孩子浅显的外在表现，而忽略了孩子真正的情感与心理需求。

为什么父母不能全面地了解自己的孩子

孩子是所有父母的希望和寄托，为了让孩子能够快乐健康地成长，父母会拼尽全力，给孩子提供好的物质生活，也会在忙碌之余，

尽量抽出更多的时间去关心、教育和激励孩子，希望孩子能在正确的人生道路上茁壮成长。

不过令无数父母苦恼的是，即使他们十分关心自己的孩子，但还是无法走进孩子的内心，不能全面了解孩子。其中的原因是什么呢？

原因就在于，父母对孩子的认识和孩子自身的成长变化之间，出现了严重的脱节。孩子在成长过程中所表现出来的个性特征，并没有真正被父母重视起来，从而造成父母越来越不了解自己的孩子。

父母容易忽视孩子强烈的自我意识

大多数情况下，在一个家庭内部，父母占据着主导地位，扮演着不容置疑的权威角色。

比如，大人在谈话时，要求小孩子不要多话，也不要插嘴，否则就会被认为是不礼貌的表现，不懂得尊重父母长辈。

显然，父母这样做，只是从自身的思维角度出发去要求孩子。他们未曾充分意识到的是，现代家庭中的孩子有着强烈的自我意识，独立性较强，在面对父母时，他们不再喜欢无条件顺从父母的指令，而是会为自己争取权利，也会发出质疑：为什么不让我充分表达自己的意见呢？这不公平。

因此，当孩子要求拥有较高的话语权时，如果父母忽视这一要求，没有意识到和孩子平等对话的重要意义，做不到尊重和倾听，就很难真正走入孩子的内心。

父母未能及时关注孩子个性特征的发展变化

随着社会的发展进步，多元化、个性化成了时代的趋势，而生活在这种社会大环境下的孩子，耳濡目染，也渐渐有了更多的个性意识。这一点，从他们的穿衣打扮等日常行为举止中，就可以看出来。

比如在穿戴上，那些有主见的孩子，倾向于自己选择喜欢的衣服颜色与款式，认为穿出去非常新潮。然而，这些衣服的样式在很多父母眼中会显得有些"另类"，他们很难理解孩子为什么会有这样的审美。

实际上，伴随着孩子的成长，他们对事物的看法和见解，有着鲜明独特的自我认知，并渴望能够得到父母的认同和理解。

因此，对于孩子身上所表现出来的强烈个性特征，如果父母不能及时察觉，忽略了孩子的真实心理想法和需求，就会对孩子产生误解，这就难以做到全面有效地了解他们。

怎样才能多了解孩子一点呢

有这样一位母亲，在孩子上了小学后，对他的种种行为表现感到非常苦恼。在妈妈的眼中，孩子做事拖沓，学习上也不用心，每次家庭作业总是马马虎虎地草草完成，让人忍不住去批评他。

直到有一次，妈妈和儿子谈心，在深入的交流之后，儿子才说出了自己的委屈："妈妈，你和爸爸每天都忙忙碌碌，从来没有真正地关心过我。每次我遇到学习上的困难，想要寻求你们的帮助，你们总是找各种借口推脱，学习不好，就要挨批评，难道这一切都是我的错吗？我多想你们能够多抽出一些时间陪陪我，多爱我一点，我也一定会努力的。"

孩子的一番话，让妈妈陷入了深思。以往，她只是想当然地认为给孩子提供富足的物质生活，让他吃喝不愁、穿用不缺就足够了，却忽视了对孩子的陪伴、关心和鼓励。自认为了解孩子，随意去批评、指责他，实际上却未能听到孩子灵魂深处的心声，从而造成了对孩子的误解和伤害。

现实生活中，不少父母经常犯这样的错误。他们总是自以为是地站在孩子的对立面，从来没有蹲下身子，和孩子平等地对视，倾听他们，了解他们。

了解孩子，是教养他们的基础。父母深入地了解孩子，有助于他们更好地去关心、帮助孩子，能让孩子真正感受到来自父母浓浓的关爱，有利于孩子身心健康成长。

❀ 了解孩子真实的内心需求

孩子需要什么？是优越的物质生活吗？当然是，但这并不是全部。他们更需要的是来自父母的关注、陪伴和鼓励，这才是他们真实的内心需求。

鹏鹏是一个性格内向的孩子，在学校里他总是沉默寡言，从不主动和人交朋友，面对别的小朋友的亲近与示好，他常常表现得局促不安，不知该如何应对。久而久之，再也没有人愿意和鹏鹏一起玩，鹏鹏也变得越来越孤僻，回到家里也总是一个人坐着静静发呆。

鹏鹏的父母平日里工作繁忙，他们总是通过给孩子买玩具、买新衣服的方式去安慰孩子，却没有注意到鹏鹏的变化。少了父母的关心与引导，鹏鹏也丧失了基本的社交能力。

从社会学的角度来分析，家庭是儿童成长的最重要的环境之一，每一位家庭成员都有抚养儿童的责任和义务，在他们的陪伴与鼓励下，儿童将逐步参与社会活动，稳步发展社会交往的能力，为以后的社交行为打下坚实的基础。

然而，在现代社会中，大多数父母因为忙于工作，用在孩子身上的时间和精力就少了很多。亲子关系的疏离，对孩子产生的负面影响远远超出我们的想象。案例中的鹏鹏，如果不是因为长期缺乏父母的陪伴与正确的指引，就不会变得越发不合群，逐渐失去和人沟通、交往的能力。

有责任心的父母，会注意协调和兼顾职场和家庭生活，力所能及地多去关注、鼓励和陪伴孩子。可以预见的是，父母越是关注、鼓励和陪伴孩子，对孩子的了解就会越多，亲子关系就会越亲密，也就越能帮助孩子跨越社会化进程中的种种障碍，促进孩子健康成长。

多和孩子沟通，更多地去了解孩子

在孩子成长的过程中，如果父母忽略了和孩子必要的沟通，就会让孩子自我封闭起来，不愿意对父母敞开心扉，这也就会造成父母对孩子了解的片面化、表面化。

爸爸妈妈们应当明白的是，孩子是希望和父母沟通的，他们有什么秘密和心事，也都愿意拿出来和父母分享。因此，作为父母，在平日里要注重和孩子沟通、交心，去倾听他们的真实意愿。

在沟通时，父母也要做到态度积极有耐心，让孩子感受到被尊重、被重视，绝不能敷衍了事。

做到换位思考，更全面地去了解孩子

父母想要更全面地了解孩子，就要做到换位思考。在陪伴孩子成长的过程中，父母要学会换位思考，要站在孩子的角度想问题，然后去鼓励、引导他们，给孩子以关心和爱，这样有助于父母走进孩子的内心世界，更好地了解孩子。

孩子哭和笑的秘密

　　哭和笑，是人类极为正常的情绪反应。成年人大多能够较好地控制自己的情绪状态，尽量做到"喜怒不形于色"。

　　然而和成年人相比，孩子喜怒哀乐的情绪都会写在脸上，遇到不满意的事情时，就会张嘴大哭；遇到开心的事情时，也会毫不掩饰地开怀大笑。虽然哭和笑是孩子情绪化的本能产物，然而在他们哭和笑的背后，也潜藏着一定的秘密，只有仔细观察，才能窥探到其中的奥妙。

孩子为什么会哭呢

　　哭，是人类的一种本能反应。从我们呱呱坠地的那一刻起，就会以嘹亮的哭声来宣告自己的到来。从婴儿期，一直到孩子童年期，哭这个表达情绪的行为，始终伴随着孩子的成长。

仔细观察会发现，孩子在哭泣的时候，会有多种多样的方式，如哇哇大哭、哼哼唧唧的哭、闹人的哭等，激烈程度和时间长短都有所不同。那么，孩子的哭声背后隐藏着怎样的含义呢？

先来看婴儿的哭。刚出生不久的婴儿，在本能的驱使下，就会以哭声来宣告自我的存在。这时的他们还不太懂得使用肢体语言，因此只能以哭来表达他们的需求和情绪感受。

从他们哭的表现上来看，婴儿的哭一般分为自发性的哭、应答性的哭和受到伤害时防御性的哭三种形式。

自发性的哭不难理解，这是婴儿与生俱来的一种情绪表达方式，比如刚生下来的婴儿，都会无意识地哭，并没有确切的含义和明确的指向。

应答性的哭，主要是因为婴儿需求没有得到满足，或者是身体不适所引起的。比如婴儿没有吃饱奶，肚子饿了会哭；尿床了感觉不舒服会哭；生病了感到难受，也会哇哇大哭；想睡又睡不着的时候，也会哭个不停。

明白了这些，父母在照顾小婴儿时，要时刻注意孩子这类应答性哭的动作反应，及时查看，以发现潜在的问题。

受到伤害时防御性的哭，主要是由外界的刺激和疼痛引起的。比如婴儿在打针时，前一秒还好好的，后一秒就会因为疼痛而歇斯底里地大哭起来。

孩子长大了一些，哭的次数会有所减少，多用语言来表达自己的各种诉求，不过对于他们的哭闹，父母也绝不能掉以轻心。

大一点的孩子哭的原因也有很多种。当他们遭受挫折或困难时，有时眼泪就会忍不住掉下来。比如孩子遇到了学习上的难题，他们非常想将难题攻克，但是努力了好久，依然没有什么效果，这时的他们，就会委屈地掉眼泪。

不被爸爸妈妈理解时，孩子们就会有被冷落的感受，当他们被焦虑、孤独、失落等负面情绪包围时，也会眼泪汪汪，要么当着父母的面，伤心地大哭起来，要么偷偷地躲起来，悄然落泪。

遇到这类情况，父母就要及时察觉到孩子的情绪变化，询问他们为什么不高兴，并给他们以安慰和关心，让孩子感受到父母的爱。

父母切不可置若罔闻，放任孩子哭泣不管，否则孩子会被负面情绪所困扰，内心处在压抑的状态下，心灵也会逐渐封闭起来，将父母关在心门之外。

揭秘孩子笑声背后的小秘密

笑，是孩子表达和释放情绪的主要方式。高兴时开怀大笑，愉悦时展颜欢笑，情感需求得到满足时微微一笑，无论哪一种笑，都能让父母的心为之融化。那么，孩子笑的背后又有哪些小秘密蕴藏其中呢？

在婴儿期的前四个月，孩子的笑，大多是对友好环境的一种自然反应。比如吃饱喝足了，脸上会露出满意的微笑；被爸爸妈妈等亲友长辈亲吻逗玩，感到高兴愉悦时，也会以萌萌的微笑来回应。

等到婴儿长到四个月以后，逐渐有了初步自我意识，因此产生有选择性的社会微笑动作。比如，看到熟悉的父母亲友，就会高兴地微笑；而看到陌生人时，就很少露出喜悦的表情。

在大脑发育的初期，孩子越是早笑、爱笑，越有助于他们的大脑发育。

孩子爱笑，还和他们的性格特征有关。性情开朗的孩子，心态阳光积极，眼睛里看到的都是美好的事物，即使遇到挫折和困苦，他们也能够表现出乐观的一面，以笑容来安慰、鼓励自己。

对于孩子来说，笑还是一种非常重要的社交方式。观察生活不难发现，越爱笑的孩子，越招人喜欢，也会更加频繁地和周围的人展开互动，受到更多人的重视和关注。所以，那些善于"察言观色"的孩子，就常常以笑来作为他们社交活动的"润滑剂"，期望能够进一步收获来自身边人爱的回应。

笑，是一种乐观自信心态的体现，对于渐渐长大的孩子，父母还应多方位地营造和谐友爱的家庭氛围，让孩子在笑声中茁壮成长。

综合而言，孩子的学习成长是多方面的，哭和笑，也是他们应变能力、社交能力的体现，明白了孩子哭和笑背后的秘密，父母就知道如何去关心和爱护自己的孩子了。

孩子说的话你真的听懂了吗

　　孩子有了初步的语言表达能力后，喜欢表达的他们，整天就像小喜鹊一般，围着父母长辈说个不停。但如果要问父母是否真的能听懂孩子的话，相信很多父母的第一反应就是惊讶不解。孩子咿呀学语时，还是自己教的呢，孩子的话语，自己怎么会听不懂呢？

　　事实上，在这方面，父母不能太自信，听得到和听得懂，是两个不同的概念。很多时候，孩子话语背后，也有着他们的"潜台词"和"话外音"，里面藏着一些"小小的心机"，不细心留意的话，父母还真的会忽略。

懂得孩子话语背后的"潜台词"和"话外音"

　　想要了解孩子，倾听是关键。认真倾听孩子言语背后的心声，听出他们话语内的"潜台词"和"话外音"，才能更好地走入孩子的内心世界，真正地了解他们的真实意愿。

但真正的倾听是什么呢？真正的倾听，是用心去体会他们话里话外蕴藏的含义，仔细揣摩他们的小心思。简单来说，就是既要听得进去，又要能够听得懂。

比如和孩子上街，天气炎热，经过一处西瓜摊位时，孩子口渴想要吃西瓜，不过又担心直接说出来会被父母拒绝，这时的孩子，可能就会用另外一种委婉的方式来表达自己渴望吃西瓜的意思。

"妈妈，今天真是太热了啊，我渴得受不了，要是能有个冰冰凉凉的东西尝一尝就好了。"

显然，孩子在这里将西瓜隐晦地形容为一个"冰冰凉凉的东西"，意思也不难理解，父母有心的话，自然就能明白孩子说天热口渴，实际上是"醉翁之意不在酒"，然后就会购买西瓜，满足孩子小小的心愿。

但一些粗心的父母，也许是心不在焉没有听进去，也许是没有用心咀嚼孩子的话语，他们就会以让孩子失望的口吻回应说："急什么？没看再走几步就到家了吗？回到家，水随便你喝。"

很明显，父母这样的回应，显然是没能听懂孩子话语的背后意思，自然也就说不到孩子的心坎里。得不到满足的孩子，自然会心生委屈，甚至会使性子、闹脾气。

有些父母不明白的是，孩子为什么不直接表达出来自己的真正想法，非要绕着弯去说呢？其实，这源于孩子和父母之间地位上的差异。

在孩子眼中，父母处于权威地位，直接提出要求，担心被父母一口回绝，甚至还会受到批评，因此他们只能将自己的小心思藏在话里话外，以委婉的方式表达出来。

现实生活中，孩子委婉表达的情况非常多，这都需要父母仔细去倾听，认真去分析。

孩子期末测试，发挥得不是太好，回到家中，他会小心翼翼地试探着说："爸爸，同学们都说这一次的测试题难度有点大，大家都发挥不出平时的水平。"

在这里，孩子的潜台词是，这次测试失利有一定的客观原因，也不全是他的错，希望父母不要一味地指责他学习不努力，他和其他同学一样，其实都尽力了。

孩子在外面玩耍闯了祸，担心受到父母的责备，有时他们就会委婉地"提醒"说："妈妈，前两天咱们邻居家的孩子，犯了错被他爸爸狠狠批评了一番，把他气得几天不吃饭，后来还是他爸爸给他道歉，说自己语气重了，他这才原谅他的爸爸。妈妈你认为邻居家叔叔的教育方式对不对呢？"在这里，孩子的"话外之音"也很明显，就是希望犯错时，父母不要一味责备打骂，最好能够心平气和地沟通，和风细雨的说教才最有效果。

听懂孩子的话语并不难

父母和孩子的交流沟通，是一门学问和艺术。太过强势的父母，会让孩子不敢说出内心真实的想法；态度敷衍的父母，也很难真正理解孩子话语里面蕴藏着的丰富信息。所以，父母不仅要用心听孩子说，还要想办法听懂孩子的意思。

❀ 平心静气，让孩子有全面表达的机会

和孩子沟通，方式和心态十分重要。当孩子在叙述事情的经过时，父母不要插嘴打断，也不能过早地下结论，否则会让孩子不愿说、不敢说，父母也会因此失去听到真相的机会。

学会倾听，要心态平和，安安静静地让孩子说下去，让他们从中感受到被尊重的感觉，这时他们才有勇于表达的欲望，也才会和父母更加畅通无阻地愉快交流。

岚岚就是这样的一个孩子。进入小学后，她非常期待和父母多沟通交流，希望他们能多关心自己的学习。但是每一次开口，爸爸不等她说完，就长篇大论地讲道理，根本不给岚岚继续说下去的机会。

时间长了，看到爸爸走过来，岚岚就故意躲着他，即使父女交流，也就三言两语草草结束，她再也不愿和爸爸分享内心真实的想法。

鼓励孩子大胆地说，不隐瞒，不撒谎，唯有如此，父母才能倾听到孩子真实的话语，也就不会出现曲解或误解他们的情况了。

❀ 倾听时，态度认真，姿态放低

孩子在说的时候，父母的心思不在孩子身上，根本没有认真去听孩子说了些什么，态度敷衍，这样的听毫无意义。这种情况下，有的父母反而还要埋怨孩子没有讲清楚，那就大错特错了。

真正的倾听，是专注认真地去听，站在孩子的角度设身处地地去听。做到这些，听懂孩子真实的心声并不难。

🌱 在倾听后，要选择有重点地提问，从中掌握更多的信息

会倾听，也要会提问。对于孩子没有讲清楚的地方，或者是自己感到有所怀疑的话语，父母要在倾听后及时发问，从中捕捉关键的信息点。这就像剥洋葱一样，一点一点由表及里，直击核心，自然就能明白孩子话语里隐藏的真实含义了。

听懂了孩子的话语，父母才能进一步读懂他们内心真实的活动，在和谐的亲子交流基础上，帮助孩子更好地成长。

儿童肢体动作背后的
心理需求

　　除了通过语言，孩子往往还会通过特定的肢体动作表达自己的心理需求，此时父母需要及时察觉孩子的肢体动作，扮演好孩子肢体动作的"解读师"角色，从中读出他们的心理需求，从而更好地教育和引导孩子。

读懂婴幼儿肢体动作背后的心理需求

　　处于婴幼儿期的孩子，不能流畅地用语言来表达内心的想法，他们所依靠的，除了哭和闹之外，就只有特定的肢体动作了。下面就来了解一下婴幼儿时期孩子肢体动作背后的心理需求。

饥饿需求的表达

婴幼儿在感到肚子饥饿时，会做出一些肢体动作提醒父母该喂他们了。这时的他们，会出现轻微躁动、手脚乱动的现象，也会做出吸吮手和脚的动作，在得不到满足时，还会用脸去蹭他们能够接触到的物品。

困了想睡觉

婴幼儿期的宝宝们，能吃能睡。当他们想要睡觉的时候，不仅眼神会变得呆滞起来，同时还会伴随着打哈欠、揉眼睛、伸懒腰等小动作，此时手臂也会放松下来。

如果父母不能及时哄他们入睡，孩子就会进一步采取用力握拳、伸腿等肢体动作表示抗议。

想要玩耍

婴幼儿心情高兴、有充沛的精力想要玩耍时，就会兴奋地挥舞或拍打着小手；面对他们感兴趣的玩具，也会目不转睛地盯着，嘴里发出咿咿呀呀的学语声，面部表情兴奋又急切。

也有一些宝宝，会把玩具扔到地上，这样的动作重复多次，目的是吸引大人的注意，想要大人陪他们一起玩耍。

想要排便

婴幼儿在有了排便意识时，脸色会变得通红，小腿也会来回地蹬动，这是提醒父母，他们想要排便了。如果孩子持续哭闹，父母要及时检查他们是不是需要帮助。

🌿 身体不舒服

婴幼儿身体不舒服时，虽然不会用语言表达，但通常情况下，他们会用剧烈的肢体动作来提醒大人。比如会出现持续性的哭闹、脸色通红等动作表情。也有一些孩子，身体不舒服时不哭不闹，不过神情萎靡、眼神呆滞、对什么都不感兴趣。这些情况都需要父母加以重视。

🌿 害怕和惊吓

婴幼儿受到惊吓时，会出现眼神躲闪的情况；受惊吓严重的话，会发出尖锐的哭闹声，下意识地将头埋进父母的怀里，从中获取安全感。

读懂少儿期孩子肢体动作背后的心理需求

等到孩子长大之后，这时他们中的大多数都具备了初步的语言表达能力，不过在和父母交流时，他们依然会使用肢体语言来表达意思和情感，这就需要父母平日里多留心观察。

比如，当家里来客人了，有些孩子就会故意弄出较大的动静，或者是拿出自己喜爱的玩具，穿上自己喜欢的衣服，在客人面前走来走

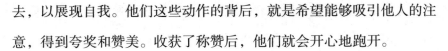

去，以展现自我。他们这些动作的背后，就是希望能够吸引他人的注意，得到夸奖和赞美。收获了称赞后，他们就会开心地跑开。

除了这些，少儿期的孩子们还有这样一些肢体动作值得被重点关注。

我有更重要、更感兴趣的事情要做

父母在陪孩子玩耍时，孩子对放在面前的玩具等物品突然没有了兴致，甚至用手推到一边，这个肢体动作背后有什么含义呢？

显然，这时的他们有了更感兴趣的事情要做，或者是需要旁边更有趣的玩具，或者是想品尝美味的食物，总之父母要顺着他们的目光去查找原因，一般就可以弄清楚孩子的小心思了。

缺乏安全感

啃指甲和吃手等肢体动作，不单单是不讲卫生的不良习惯，其实也是孩子感到缺乏安全感，对外界产生焦虑情绪的一种应激反应。

父母在察觉到孩子的这些肢体动作后，要多给他们以关心、鼓励和温暖，让他们能够感受到来自父母浓浓的爱意，这将会有效缓解孩子的焦虑和不适感。

我非常难过

当孩子心里难过时，有时候语言组织能力不是太强，或者不想说出自己的真实感受，他们就常常会以垂下头或者紧握双手的动作来表达内心的痛苦。

这时候，父母也不要急着逼迫孩子说出难过的原因，而应以安慰为主，用春风化雨般的柔和语言，逐渐解开他们的心结，让他们主动吐露心扉。

心虚不安，心神不定

孩子在心虚时，会表现出怎样的肢体动作呢？仔细观察不难发现，心虚不安或心神不定的孩子，在和人说话时，眼神常常飘忽不定，眼睛来回转动，不敢和人直视。

当父母看到孩子有类似的表现后，可以说出几个可供选择的问答，从中询问出他们的真实意图。

紧张尴尬

孩子在紧张尴尬时，常会做出不停摸脸，或者是躲在大人后面等行为动作。父母察觉后，不要当面指责他们，那样反而会让孩子感到更加局促难堪，加重他们的紧张心理。正确的做法是，耐心地激励孩子、安慰孩子，引导他们尽快融入新环境，将他们的不安逐步消除。

孩子的肢体语言非常丰富，日常生活中，父母要多多用心留意观察，以及时了解他们行为背后的心理需求，让孩子在更为快乐的氛围中健康成长。

父母是孩子最好的行为榜样

一句广为流传的话语，说得非常有哲理："好父母，胜过好老师。"这是因为父母才是孩子的第一任老师，父母的一言一行，对孩子未来人生的健康成长，起到了巨大的影响作用。

在一个温馨和谐的家庭内部，父母正确的言传身教，会在潜移默化中影响孩子的行为认知。在好的家庭环境下成长起来的孩子，也更加自信大方、活泼开朗。

父母的行为，对孩子都有哪些影响呢

每一个孩子，都是在特定的家庭环境下成长起来的。他们的性格养成和品性塑造，都深受父母的影响。在任何一个原生家庭内部，从孩子身上都能够或多或少地看到父母的影子，父母的言行举止，是孩子学习效仿的"标杆"。

在子女的教育引导上，有这样一则故事很有趣。

孔子的弟子曾子的妻子有一次外出，孩子吵着要跟着妈妈一起去。妈妈就对孩子承诺说，在家好好听话，回来了妈妈给你杀猪吃。

等到她从外面返回，看到曾子正在用力地磨刀，准备将家里的猪杀掉。妻子大惊失色，上前拦住曾子，说杀猪给孩子吃不过是一句玩笑话，千万别当真。

谁知曾子一脸认真地告诉她，作为父母，怎么能随便哄骗孩子呢？父母的一举一动、一言一行，孩子都看在眼里，想要教育好孩子，父母首先要做到言而有信。最终，曾子还是把猪宰了给儿子吃。

千年之前的曾子，就深刻认识到了在家庭教育中父母行为起到的重要引导作用。爸爸妈妈做好了榜样，孩子才能有样学样，向着良好的人生方向成长发展。

从古至今，家庭教育的理念是一脉相承的，现代社会中，父母更要做好孩子的榜样示范。

明明就是这样的一个例子。最初的时候，明明是个乖孩子，从不玩手机，学习之余，要么是安安静静地坐着看动画片，要么是拿出玩具，一个人沉浸其中，玩得很开心。

但是明明的父母，有一个不好的习惯，每天忙完工作下班后，想要放松心情的他们，就会拿出手机玩上好半天。

看到爸爸妈妈对手机那么痴迷，渐渐地，明明也对手机产生了强烈的兴趣。一开始，他躲在父母身边看，后来主动要求玩一会儿，最后发展到不让玩手机就大哭大闹的地步。

直到这时，明明的父母才意识到问题的严重性，后悔没有做好表率，当着孩子的面玩手机，以至于对孩子产生了深深的负面影响。

每一个孩子都拥有超强的学习模仿能力。父母玩手机，孩子也会跟着患上"手机依赖症"；父母追求吃穿，孩子也会养成爱慕虚荣的行为习惯；父母不孝敬长辈，孩子也会跟在后面学，和大人闹矛盾、使性子，从不会有感恩心理。这些都是父母的不当行为带来的负面影响。

处于童年期的孩子，他们虽然看似懵懂无知，实际上一直在暗中默默观察效仿父母的一举一动，父母只有作出好榜样，才能教导出好孩子。

从当下做起，当好孩子的好榜样

父母为人处世的行为，时时刻刻都是孩子效仿的对象；父母的品行，也是孩子性情塑造的"模板"。在日常生活中，父母应该从以下几个方面去引导、塑造孩子。

讲原则，讲道理，懂分享，加强孩子的行为培养

孩子的行为培养，蕴藏在日常的家庭教育中。想要良好地引导教育孩子，父母就应从自身做起。

一是要讲原则，做到讲文明、懂礼貌，做得好要表扬，做得不好要教育引导，原则底线不放松。

二是要讲道理，给孩子立规矩，不能任由他们撒泼耍赖。要让孩子知道，很多事情不能由着自己的性子，如果做错了事情，就要勇敢

承认错误。而父母也不能因为孩子犯了错误，就怒气冲冲地打骂他们，棍棒下未必出孝子，反而会激起孩子的叛逆心理。父母应先让自己冷静下来，然后和孩子一起分析他们犯错的原因，让孩子深刻认识到犯错的危害和后果，做到以理服人。

三是要给孩子树立分享的理念，告诉他们好东西要和大家一起分享，越分享越快乐，从小养成爱分享的好习惯。

热心助人，乐观向上，注重孩子品行和心态的塑造

良好品行的塑造也是父母应当注意的内容。父母热心助人，品行善良，心态乐观阳光，在父母言行的熏陶下，孩子也会逐步养成热情大方、积极向上的好品行、好心态。

不焦虑，不抱怨，以好的性情引领孩子

现代社会，生活和工作的压力容易让人产生焦虑、急躁的情绪。虽然如此，在孩子面前，父母也不要过多地抱怨，而是要让孩子看到自己努力的样子，以身作则，鼓舞孩子奋力前行，激发他们坚韧的意志。

如果做一个比喻的话，父母就像是一棵大树的树根，而孩子，就是大树结出的果实，根深才能硕果累累，孕育出好的果实。因此在陪伴孩子成长的过程中，父母一定要言谨身正，当好孩子的榜样和示范标杆。

第二章

关注行为：

不容错过的儿童行为敏感期

　　儿童行为敏感期表现为孩子对某一种知识或技能有着特别的爱好和投入。这是儿童个体成长所必经的阶段，也是他们内在自我逐步形成的一个过程。

　　儿童的行为敏感期的表现不是一成不变的，在不同的年龄段，有不同的特征显现，仿佛自动切换一般。父母如果能够深入了解孩子敏感期的内在规律，那么就能够给予孩子高质量的陪伴，能够更加深入地了解孩子，促使孩子更好、更快乐地成长。

了解儿童，捕捉儿童敏感期

　　了解儿童，就要了解他们的敏感期。正如众多研究儿童行为的专家所说，儿童的行为敏感期，是大自然赐予孩子最好的礼物。从孩子出生的那一天起，敏感期现象便已悄然蕴藏在孩子的日常行为中，不需要父母刻意提醒，也无须人为主动干预，而是一种天性，自然而然地出现。

　　仔细观察不难发现，处于行为敏感期的孩子们，对于某一知识、技能具有惊人的学习和掌握能力，他们在获得个体能力增长的同时，也能激发自身强烈的好奇心和探索欲望，满足自己特定的内在需求。

儿童行为敏感期的阶段表现

　　"敏感期"这一词语，最早是由荷兰生物学家佛里提出来的。佛里在研究生物时，通过对蝴蝶幼虫的仔细观察，发现了一个奇特的现象：蝴蝶的幼虫对光线异乎寻常地敏感，它们在孵化之后，第一时间就会朝着树枝顶端攀爬，因为那里能够让它们获得充足的光线和日照。

其实，在整个自然界里，每一种生物都有自身独特的感觉力，通过对这些感觉力的追寻、把握和学习，生物能从中获得维持自身生存的必要特质。

当人们将目光从自然界的生物转移到儿童身上时，一些儿童学家也突然发现，孩子们在自身的成长过程中，也会出现类似的现象。在不同的年龄段，孩子们会对外部环境中的特定事物产生浓厚的探索欲望，并从中掌握一定的生存技能。这也就是儿童行为敏感期的由来。

如刚出生的婴儿，对光极度敏感；等到他们稍大一些时，是甜、咸、苦等味觉发育的敏感期；一到两岁时，就又到了练习行走、说话的敏感期，与此同时，自我意识形成的敏感期也几乎同步出现；在二岁到六岁期间，孩子又会进入文字数字、色彩绘画、人际关系、逻辑思维和空间意识等的敏感期；七岁到十岁左右，喜欢实验，探究大自然的奥秘又成为这一阶段敏感期的主要表现。

研究儿童行为敏感期不难发现，孩子在不同年龄段所表现出来的不同敏感期表现，是非常正常的一种行为特征，也是他们发展各种能力的过程。当过了这一年龄段后，和该年龄段相适应的敏感期现象也会自动消失，对此父母不必有任何的焦虑情绪，顺其自然、适度引导就好。

如何有效捕捉儿童行为敏感期

孩子在不同的年龄段，行为敏感期会有不同的表现，比如当孩子的绘画敏感期到来时，他们对色彩和描绘就会产生强烈的好奇心，一有机会就会在墙上涂画，父母根本阻止不了。

也许父母对此感到十分苦恼，但从另一个方面来看，孩子的大脑发育、人格发展以及人际关系的形成，都离不开特定的敏感期，一旦错过，会对孩子的成长带来一定的负面影响。

不过需要注意的是，孩子特定年龄段的敏感期，存在的时间一般都非常短，过了这个年龄段，相应的敏感期现象就会自然消失。所以，如何有效捕捉儿童行为敏感期，就成了父母极为关心的问题。

懂得把握儿童行为敏感期的特征和规律

儿童敏感期的主要特征和规律是什么呢？

一是关注性。处于敏感期的儿童，会对外界某一事物或某一技能表现出极大的关注度。比如到了需要学习走路的阶段，孩子就特别活泼爱动，即使跌倒了也不会害怕，走起路来尽管摇摇摆摆，但也乐此不疲。

二是重复性。比如咿呀学语，到了这一年龄段的敏感期时，虽然孩子口齿表达不清晰，但是他们依旧会张开小嘴说个不停，期盼大人和他们互动交流。

三是消失性。孩子在不同的年龄段，有不同的敏感期表现，一旦过了这个年龄段，他们对某一事物或技能的关注度会直线下降。比如绘画涂鸦，当他们过了特定的年龄段后，就会失去在墙上随意涂鸦的兴趣。

细心观察，尊重孩子，给他们创造满足成长需求的宽松环境

了解了儿童行为敏感期的三个主要特征后，在日常生活中，父母还需要细心观察，认真留意孩子在不同年龄段的敏感期表现，因为尽管儿童进入某个行为敏感期的年龄大致相同，但每个儿童具体出现的时间点不尽相同，这就需要父母用心观察了。

除此之外，宽松自由、温暖有爱的空间环境，也有利于孩子行为敏感期的发展，符合他们内在成长的需求。相信当孩子感受到来自父母、家庭的鼓励、尊重和引导后，他们在行为敏感期的表现一定会非常出色。

当孩子开始咿呀学语

　　当孩子开始对大人的话语感兴趣，并有样学样咿咿呀呀模仿父母的言语时，说明孩子已经开始进入了语言敏感期。这个时候，爸爸妈妈们就应该细心留意观察，拿出耐心，逐步引导和培养孩子的语言表达能力。

孩子的语言敏感期是什么

　　著名的社会学家哈贝马斯在其著作《交往行为理论》中强调，在交往行为中，语言发挥着重要的作用，深深影响着孩子未来的交往认知。抓住语言敏感期，相当于抓住了孩子语言能力增长的关键节点。

　　在陪伴孩子成长的过程中，那些细心的爸爸妈妈会发现这样一个有趣的现象：当宝宝长到两个月左右的时候，他们嘴里便可以发出模糊不清的哼叫声。这种声音听起来虽然连一个简单的音节都算不上，但此时的宝宝已经准备进入语言敏感期了。

三到四个月大的宝宝，正式进入他们语言敏感期的第一阶段。这一时期的小宝宝们，嘴里会发出各种各样的音调，他们明亮的眼睛时刻关注着父母的一举一动，对父母的说话声会产生浓厚的兴趣，动不动就会盯着爸爸妈妈的嘴唇专注地看个不停。

等宝宝长到五六个月大的时候，他们原本模糊不清的发音开始向单音节转换，虽然依旧听不清他们嘴里在说些什么，但他们努力学习说话的样子十分可爱。

从七个月开始，宝宝的语言敏感期进入了大爆发阶段。有一些说话较早的孩子，在七八月的时候，就能断断续续喊叫出"爸"或"妈"的音节了。

等到宝宝们长到一岁左右的时候，他们从最初的单音节学起，这个时候就能够说出两个或更多音节的词语。接下来，他们嘴里的词语会越来越多，语言表达能力也越来越强，直到学会遣词造句，能够流利地表达自己的想法。

不难看出，孩子的语言敏感期几乎一直伴随着孩子的童年时期。不过，孩子能不能流畅地讲故事，能不能像一个"话匣子"一样，开心地围着爸爸妈妈说个不停，关键在于当他们处于语言敏感期时，是否真正得到了父母合理的引导，这是需要所有父母注意的地方。

父母做好引导，促进孩子的语言发展

现实生活中，有些宝宝开口较早，也有些宝宝一岁多了，依然不会张嘴说话。那么，如何才能促进孩子的语言发育呢？在宝宝的咿呀学语期，父母需要从以下几个方面入手。

🍂 经常和孩子进行语言互动和交流

亲子之间的话语互动，对孩子语言发育会起到极大的促进作用。有些父母经常忽视和孩子这方面的交流，他们认为才几个月大的宝宝，还远远不到学说话的时候，也听不懂他们说什么，没有必要白费力气。

事实证明，当孩子开始咿呀学语时，父母如果能够多和孩子"聊天"，进行语言上的交流，有助于激发孩子的语言发育。

那么，如何和孩子交流呢？比如早上孩子醒来时，父母可以微笑着对他们说："宝宝今天醒来这么早，不哭也不闹，来，妈妈给你穿衣服。"

站在镜子面前时，也可以指着镜子对孩子说："宝宝快看，这是妈妈，这个是宝宝，可爱吗？"

日常生活中所有和孩子相关的话题，父母都可以拿来当作和孩子聊天的内容。

遇到重点词语反复练习强化

在和孩子进行日常交流时，对于一些能够引起他们兴趣的词语，父母应当单独挑出来，进行反复的强化练习。比如，爸爸、妈妈、爷爷、奶奶、水、米饭等出现频率较高的词语，不断地拿出来和孩子互动，就能起到加深他们印象的作用。

需要注意的是，在重点训练这些词语时，父母的语速要慢一些，发音要清晰一些，让孩子能够听得清、记得住。

多给孩子讲故事、唱儿歌

平日里，父母尽量多抽出时间陪宝宝玩耍。玩耍时，给他们讲故事、唱儿歌，也是促进孩子语言快速发育的好办法。

讲故事、唱儿歌，一方面可以促进父母和孩子的良性互动；另一方面，寓教于乐，氛围愉悦轻松，能够提高孩子学习和掌握语言的效率。

鼓励孩子用感官探索世界

　　从孩子降生的那一天起，多姿多彩的外部世界，在孩子的眼中就充满了谜一样的色彩。在本能的驱使下，他们会主动用感官去探索、去感知周围的一切，这一现象也被称作是孩子的感官敏感期现象。在此期间，如果有父母的陪伴和鼓励，将会促使他们更好、更快地去认知眼前的世界，在内心深处形成一个清晰、立体的轮廓。

孩子对世界的探索，从感官开始

　　当孩子第一次叫"妈妈"时，当孩子扶着沙发摇摇晃晃站起来时，当孩子看到绚丽的色彩兴奋地挥舞着一双小手时，父母是否想过，孩子的每一个"第一次"，都是依靠什么来尝试和完成的呢？

　　显然，孩子对外部世界的探索和认知，依靠的是自身的感觉器官。感官，对孩子一步步建立起对眼前世界立体轮廓的认知起到了重要的辅助作用。

孩子的感觉都有哪些呢？又分别起到了什么作用呢？

从人类的身体构造来看，感觉主要由视觉、听觉、触觉、味觉、嗅觉五个部分组成。这五个部分分别对应看、听、摸、尝、闻五个动作。处于感官敏感期的孩子，感觉，是他们最为基本的智力活动。

视觉，可以让孩子看到外部世界多彩的颜色和不同的景色，激发他们探索世界的好奇心。听觉，能够让他们聆听到各种各样的声响，感受到音乐、歌声的美妙。触觉，让孩子通过触摸来感知眼前的事物，进一步认识世界。味觉，让孩子学会辨别酸、甜、苦、辣、咸等滋味，在内心深处建立起对事物的进一步认识。嗅觉，能够让孩子分辨出不同的气味，以及气味的来源，增加对世界的认知。

孩子通过自身的感觉器官来探索世界，也离不开父母的引导和教育。比如爸爸妈妈可以在孩子面前放上三杯液体，分别是橙色的橘子汁、无色的纯净水和红色的西瓜汁，然后让孩子一一品尝，并说出是什么味道。通过这样的引导，让孩子一步步开启对外部多彩世界的深层次认知。

当然，孩子通过感官来探索、认知外部的世界，是一个渐进的过程。从最初的单一认知，发展到更为立体、多彩的阶段，从而在直接或间接的体验中，有了比较、模仿和归纳的学习能力，这也是他们成长过程中一个必经的阶段。

给孩子一些自由，鼓励他们用感官去探索外部世界

通过感官来探索眼前的世界，是孩子学习和成长的重要途径。如果没有这些感官的参与，外部世界在孩子的心目中，将会是一片混沌的状态。

很多父母虽然也明白感官在孩子探索、认知世界过程中的重要性，但是他们总是担心孩子在运用这些感官探索世界的过程中会受到一定的伤害。

他们列举出很多理由，以证明自己的担心不是杞人忧天。比如，孩子不小心吃到辣椒，会被辣得哇哇大哭；孩子在触摸物品时，可能会被尖锐的东西刺伤；孩子不小心吃到异物，可能会引发疾病；等等。

事实上，父母不必有这样的担忧。一方面，父母应当明白感官对于孩子探索、认知外部世界的重要意义，没有深度体验就得不到真实可靠的感受，不经受一定的挫折就很难真正成长起来。另一方面，在这个世界上，没有人可以在真空的环境中生活，总要让孩子去尝试、经历一些东西，他们的认知力和分辨力，才能够得到真正的提升。

所以当孩子用感官去探索外部的世界时，父母正确的做法应该是，不去多加干涉，而是要在确保相对安全的基础上，充分尊重孩子的好奇心，静静地站在一边观察，扮演好"监护人"的角色，然后将感知事物的主动权交给孩子，大胆地鼓励他们用自身真实的体验，去好好地认知眼前这个五彩缤纷的绚烂世界。

活泼好动是儿童的天性

很多父母都觉得自己的孩子就像是"大闹天宫"的孙悟空一样，很难有安静的时候，常常闹腾得让人心烦意乱。事实上，孩子活泼好动，恰恰正是他们的天性，也是他们处于动作敏感期的重要体现。

孩子动作敏感期的表现是什么

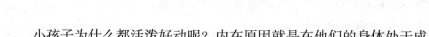

小孩子为什么都活泼好动呢？内在原因就是在他们的身体处于成长发育的过程中，尤其在进入动作敏感期后，他们要通过蹦跳玩闹等活动探索世界。

一般情况下，孩子的动作敏感期大多集中在零到六岁期间。比如几个月大的孩子，虽然还不会行走攀爬，他们却能够在床上来回翻滚，精力旺盛时，手脚也会不停地乱抓乱蹬，非常喜欢和大人互动嬉戏。

到孩子两三岁之后，他们活泼好动的天性会被进一步激发，玩玩具，扔东西，捉迷藏，一天到晚不知疲倦地跑来跑去、爬上爬下。这些实际上都是他们动作敏感期的具体表现。

鹏鹏今年五岁了，是一个性格活泼、调皮开朗的小男孩，从他早上睁开眼睛的那一刻起，就没有长时间保持安静的时候。

平时在家里，因活动的范围有限，他也就是拆卸玩具，制造点恶作剧。一旦出门在外，就会令妈妈头疼不已。看到路上有一个小水坑，鹏鹏就飞快地跳进去，蹦起来将水踩得四处飞溅。乐不可支的他，全然不顾弄脏了鞋子和裤子。

有一次在游乐场时，鹏鹏趁着妈妈不注意，顺着梯子，三两下就爬到了单杠的上面，还想试着跳下去。妈妈看见后，吓坏了，赶紧把他抱了下来，不过鹏鹏依旧嘻嘻笑着，丝毫不在意。

鹏鹏妈妈一度认为儿子这是患上了"多动症"，不过经过咨询后，才明白这是儿子正在经历动作敏感期的高峰期，不必大惊小怪。

面对孩子的动作敏感期，父母该如何应对

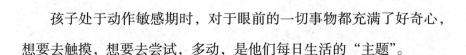

孩子处于动作敏感期时，对于眼前的一切事物都充满了好奇心，想要去触摸，想要去尝试，多动，是他们每日生活的"主题"。

面对孩子爱动的表现，很多时候，父母看在眼里，心里十分担忧，生怕孩子受到伤害。因此，有一些父母出于安全考虑，就会限制孩子的行为。这样做显然是扼杀了孩子活泼好动的天性，不利于孩子

身心健康和全面发育。

对于处于动作敏感期的孩子，父母要根据实际情况，作出合理的应对。比如，当孩子还不会走路时，活动范围有限，也不具备太大的破坏力，父母可以为孩子提供一些玩具或者多陪孩子玩一些亲子游戏。

对于年龄大一些的孩子，父母也不要过多地干涉孩子爱玩好动的天性，需要做的是尽可能地给孩子提供一个相对安全的玩乐环境，以免好动的孩子不小心受伤。

如果是在室内，要注意将电器插座、水壶、刀具等容易给孩子造成伤害的物品放置在安全的地方，不要让孩子触摸到。如果是在室外，家长要更加注意保障孩子的安全，使他们远离河道、池塘、马路等危险场所。

当孩子在玩耍时，不小心碰到或磕到了，父母也不要一味地教训孩子，指责孩子并不能起到良好的教育效果。遇到这种情况，父母要多给孩子讲一讲事情的危害性，让他们明白"吃一堑长一智"的道理，教会他们在探索外部世界的同时保护好自己。

给孩子乱写乱画的自由

当孩子长到三岁左右的时候，细心的家长不难发现，孩子突然对"笔墨纸砚"产生了浓厚的兴趣。只要有时间、有场所、有写画的工具，他们就会用稚嫩的小手，拿起画笔在纸上、墙上信手圈圈点点、乱涂乱画，好似一位"艺术家"一样。如果孩子出现这样的状况，那么就代表着孩子已经进入书写敏感期了。

你会因进入书写敏感期的孩子而烦恼吗

这一段时间以来，丹丹的妈妈一直因为孩子的行为表现而十分苦恼。原来前不久，丹丹一家搬进了新房子，看着装修一新的屋子，全家人都开心万分。可是没过几天，一件让丹丹妈妈哭笑不得的事情发生了。

那天丹丹妈妈从幼儿园将丹丹接回来后，就在厨房里忙着准备一家人的晚餐，留下丹丹一个人在客厅里玩耍。

等到妈妈做好饭出来，眼前的一幕让她震惊了，丹丹正高高兴兴地用画笔在洁白的墙壁上画画，一眼望去，和她身高相等的一大片墙壁上，画满了五颜六色的图案，简直不忍直视。

怒火中烧的妈妈刚要冲着女儿发火，正巧爸爸下班回来了。他看到眼前的场景，很快明白了原委，赶忙将妻子劝阻了下来，让她不要对女儿发火。

看着丈夫一脸和颜悦色的样子，丹丹妈妈自然是困惑不解。丈夫便将她拉到一边，向她解释说，女儿现在正处于书写敏感期，乱涂乱画完全可以理解，这是孩子学习和创造的表现。不过为了避免孩子再在墙上随意涂抹，可以考虑给她买一块画板，这样问题就解决了。

在丈夫的耐心解释下，丹丹妈妈也很快释然了。能够找到一个可以充分释放孩子天性，而又不让父母费心劳神的方案，当然是再好不过了。

给予孩子涂画的自由，并正确引导

不难发现，从孩子两三岁起，他们就会对写写画画的动作非常着迷。他们会用不太灵巧的小手，拿起小小的画笔，随意胡乱涂抹，戳戳点点，画出一些不规则的符号或直线。一有机会，他们就会在纸上、墙上、窗帘上，包括爸爸、妈妈的手上尽情发挥自己的"艺术天分"，并乐此不疲。

对于处于书写敏感期的孩子的行为表现，父母大可不必苦恼。要知道，孩子正是通过不断地尝试书写、绘画，不断锻炼自我的思维方式和情感表达方式，充分发挥和释放无穷的想象力，这对他们日后的发展成长有着莫大的益处。

当自家的孩子进入了书写敏感期时，父母应当如何去做呢？

首先，要尽可能地为孩子提供和创造可以书写、绘画的宽松自由环境，不仅不去劝阻，还要积极地引导和鼓励，正像丹丹爸爸所做的那样，买来画板，让孩子在上面尽情地发挥创造。这样既避免了家里的墙壁"遭殃"，也能让孩子书写绘画的天性得到释放，是个两全其美的做法。

其次，多去正确地引导孩子。有条件的话，在节假日等闲暇时间里，可以带着孩子多去参观一些书法展、绘画展，通过实地的参观、感受，进一步激发孩子的书写和绘画兴趣。

相信通过合理的引导和教育，遵循孩子身心发展的规律，孩子在发育成长的过程中，也会变得越来越优秀。

尊重孩子对秩序的固执

　　秩序感，是孩子生命成长过程中的一种内在需要。留意身边的孩子，父母不难发现，在孩子的内心深处，最喜欢的是一种安稳有秩序的环境。在这样的一个环境中，孩子的秩序感得到满足，能够感受到强烈的安全感和舒适感。因此说，尊重孩子的秩序感，会让他们更加快乐健康地成长。

了解孩子的秩序敏感期

　　处于童年发育期的孩子，会遇到多个阶段的敏感期，就如前面讲过的语言敏感期、书写敏感期等，其中秩序敏感期也是孩子成长过程中一个必经的阶段。

　　什么是秩序敏感期呢？想要了解秩序敏感期的内涵，先来了解一下什么是秩序感。

生活中，一般人们会对自己身边各类物品的方位和空间布局有恰当、有序、和谐的内在心理要求。举例来说，房间里，鞋子应该摆放在鞋柜里，各类洗漱用具也要归类放置在合适的位置上。需要使用的时候，去相应的区域里取出就可以了。有了合理的秩序，不仅看起来让人倍感赏心悦目，而且使用的时候也能够有条不紊，极大地方便了人们的生活需求，这就是所谓的秩序感。

当孩子长到两岁到四岁左右的时候，他们就逐步进入秩序敏感期。秩序敏感期是指幼儿对秩序极其敏感的一个时期。在这期间，孩子会对家里各类物品摆放的方位、物品的归属以及做事的先后顺序等产生浓厚的兴趣。随着他们对秩序敏感认知的深入，还会形成一种"秩序是不可更改"的想法。

孩子为什么会对"秩序感"这么执着呢？

原因在于，一方面，随着孩子的长大，一旦他们习惯了自己身处的教养环境之后，就不愿看到自身的秩序体验发生大的变化，那样会让他们失去安全感。所以，在现实生活中，有些孩子一旦更改了居住环境后，夜里就会出现哭闹不睡的情况，这其实就是他们的秩序感在发挥作用。

另一方面，对秩序感非常认同的孩子，从小就能养成良好的生活习惯，如鞋子不会乱丢，衣服也不会乱放，书桌课本也会摆放得整整齐齐。整洁有序的生活环境，会让他们身心愉悦，一旦凌乱不堪，他们就感觉非常不舒服，出现强烈的不适感。

面对处于秩序敏感期的孩子，家长应当这样做

有相当一部分父母，对孩子秩序敏感期时的行为表现存在着不少的误解。在他们看来，孩子过分强调秩序，明确物品的归属，是无理取闹的行为表现。

在这种错误认知的驱使下，他们就会大声呵斥或批评孩子的举动，无形中打击了孩子探索外部世界的勇气和信心。

聪明的家长是怎么样做的呢？首先他们会因势利导，充分利用孩子秩序敏感期的行为主动性，将孩子良好生活习惯的优势放大，从小培养孩子良好的生活规律，让他们充分体验成长的美好。

其次是尊重孩子物品归属的物权意识。属于孩子的物品，父母不要自作主张地拿走或丢弃。即使想要处理更新，或者是转送他人，也要和孩子沟通，在征求他们意愿的基础上做出合理的安排。

再者是不轻易去改变有序的生活环境，不去干扰孩子有规律的生活方式。如果确实需要更换环境时，要提前告知孩子，耐心安抚孩子的情绪，让孩子有一个适应的过程。

理解并尊重孩子的秩序感，能有效树立他们强大的自信心。当孩子有了把握整体环境的能力，能够积极主动地参与到自我秩序的建设中，就会产生强烈的责任感，这对他们的未来成长大有裨益。

善待孩子的性别好奇

孩子会产生性别好奇意识吗？当然会。当孩子在成长过程中，表现出对男女性别感到好奇的心理时，就意味着他们已经开始进入了性别敏感期了。对于孩子性别好奇的举动和表现，家长不必遮遮掩掩，正确引导才是关键。

认识孩子的性别敏感期

孩子各个阶段的行为敏感期，大多在他们出生不久后就具备了，比如感官敏感期、语言敏感期等。而性别敏感期的出现相对晚一点，一般情况下，当孩子长到四五岁的时候，他们开始逐步进入性别敏感期。

什么是性别敏感期呢？简单地说，当孩子成长到三岁到四岁的时候，就会对异性产生强烈的好奇心理，感到奇怪和不解的他们，也会向大人提出一些有关性别方面的问题，非要"刨根问底"不可，这一时期就是性别敏感期。

如果问题得不到解答的话，他们还会下意识地探索自己身体的生理构造，并和异性做比较。

冉冉是一个四岁的女孩子，她的妈妈也是在无意中发现冉冉有了初步的性别意识。

夏季的一天，妈妈带着冉冉去游泳馆游泳。玩了半个小时后，休息期间，冉冉忽然问了妈妈这样一个问题："妈妈，为什么我和其他男孩子不一样呢？我有长长的头发，那些男孩子怎么没有呢？他们游泳时，为什么可以光着上身呢？你看我们的游泳衣都不一样，这是为什么呀？"

冉冉"连珠炮"式的一番问话，让妈妈感到她又可爱又好笑。在公众场合她只敷衍地回答了女儿几句，说男孩子就不爱留长发，女孩子因为爱美，所以就早早将头发留了起来。至于游泳裤的问题，妈妈的解释是男孩子不怕晒，他们喜欢这样自由自在。显然，妈妈的回答并没有让冉冉满意，她嘟着嘴陷入了沉思之中。

从这一天起，妈妈发现冉冉很在意男女的性别差异。有时爸爸在刮胡子，冉冉会站在一边，好奇地打量着，还不停地问爸爸自己为什么没有胡子可刮。

更有趣的是，冉冉对妈妈的穿戴着装也产生了浓厚的兴趣。她会趁着妈妈不注意的时候，穿上妈妈的高跟鞋，骄傲地在房间里走来走去；有时也会站在梳妆台前，模仿着妈妈化妆打扮的样子，拿起口红在嘴唇上胡乱涂抹着。

直到此时，妈妈才真正意识到孩子进入了性别敏感期，她也由此开始重视孩子的性别好奇表现，经常给孩子讲解一些性别科普知识，帮助孩子正确地认知自己。

不推诿，不回避，正视孩子的性别意识和问题

孩子的性别意识，是他们自我意识的重要组成部分。当他们成长到一定的年龄阶段，产生了性别意识后，也意味着孩子们的自我意识在进一步地觉醒。有良好的性别认同，对于他们的个体心理健康发展，会起到积极的意义。那么，面对孩子的性别好奇，父母应该如何去做呢？

敢于面对孩子的性别问题，帮助他们认识自己的身体

处于性别敏感期的孩子，总是会对大人提出这样或那样的性别问题。比如，为什么我是女孩子，而不是男孩子呢？男孩子可以站着小便，我们女孩子怎么不可以呢？

诸如此类的问题，父母不要刻意去回避，因为越是回避，反而越会让孩子产生强烈的好奇心，甚而会做出一些令人哭笑不得的事情来。因此，正确的应对办法就是"宜疏不宜堵"，坦然回答孩子的提问。

在回答孩子有关性别方面的各类问题时，父母也应及时引导孩子正确认识自己的身体，结合一些相关的绘本，借助里面的插图，告诉

他们男女身体构造的不同。同时，要让他们明白保护自己隐私部位的重要性，懂得哪些器官是不能露在外面的。

父母越是坦然，越能够直面正视孩子的问题并加以解答，就越能打消孩子的疑虑和好奇心，让他们的身心得到健康的发展。

🌱 注重男女有别，做好孩子的引导教育问题

孩子一旦有了性别意识，进入性别敏感期，父母就要以身作则，引导孩子认同自己的性别，在日常生活中注意男女有别的问题。比如，女孩子洗澡时，由妈妈负责，男孩子洗澡时，让爸爸出面，一步步地帮助孩子树立性别认同意识。

认识孩子眼中的微观世界

　　孩子眼中的外部世界既大到广阔无边，又充满了各种美好的细节，很多在大人眼中无足轻重的微小事物，反而能引起孩子强烈的好奇心和注意力。一只在花丛中飞来飞去、翩翩起舞的蝴蝶，或者是眼前飞过来的一只花蚊子，都能让他们产生浓厚的观察和研究兴趣。因为在孩子眼中，微观世界里的一草一木、一花一叶，都是那么的五彩缤纷、可爱有趣。

孩子为什么对细微的事物那么痴迷呢

　　昊昊的妈妈最近发现自己三岁的儿子竟然迷上了院子里的一群蚂蚁。原来，院子的一棵大树下有一个小小的蚂蚁洞，随着夏天的到来，这些可爱的小蚂蚁们就成群结队地从蚂蚁洞里钻出来，在院子里四处寻找食物。

不知道什么时候，昊昊无意中发现了这群蚂蚁，于是就每天蹲在蚂蚁洞口，看着小蚂蚁们爬来爬去地搬取食物，觉得有趣极了。

每次昊昊只要看到黑压压的"蚂蚁大军"，就兴奋地跑过去，蹲下来左看右看，往往一蹲大半天，歪着小脑袋看得入神。

除了看蚂蚁搬取食物，昊昊也会拿面包、馒头等食物掰碎了放在地上，兴致勃勃地逗弄小蚂蚁。每当这个时候，好像整个世界都只剩下他和眼前的蚂蚁了。

也许是太专注、太认真了，很多时候，即使到了吃饭的时间，非要爸爸妈妈催上四五次，昊昊才恋恋不舍地回到屋子里吃饭。

看到儿子对小小的蚂蚁这么痴迷，这让妈妈百思不得其解。蚂蚁有什么好看的呢？

实际上，昊昊妈妈不明白的是，这个年龄段的孩子出现这种行为，说明他们在不知不觉间已经进入了细微事物敏感期。

什么是细微事物敏感期呢？简单地说，孩子在一岁多到四五岁时，会对他们眼前的微观世界产生浓厚的兴趣和探索欲望，这一时期就是细微事物敏感期。如地上爬行的小昆虫、奇形怪状的小石子、草丛中娇艳的花朵等，这些在成年人眼中微小的事物，在孩子眼中却极具吸引力，会让孩子感觉神奇又有趣，不自觉地沉迷其中，乐此不疲。

孩子对微观世界产生无穷的兴致，是他们探索、认识、了解外部世界和大自然的一种重要方式，也是他们感官敏感期的必要补充。

陪着孩子一起成长，提升他们的观察力和敏锐性

一些父母担心孩子痴迷微观世界里的事物，会影响孩子的正常成长。

事实上，父母的担心是多余的。在孩子的童年世界里，观察和探索奇妙的大自然，正是他们生命成长的一种特殊需要。他们对细微事物所表现出来的执着与专注，也恰恰表明了他们的观察力、感知力正在悄然提升。

面对进入细微事物敏感期的孩子，父母又该如何正确应对呢？

一是鼓励支持。千万不要因为自己不能理解孩子"怪异"的观察举动，就强行打断他们对细微事物的探索行为。聪明的父母遇到这种情况时，不仅不会阻止，反而会主动示范，引导孩子去观察、去研究分析奥妙无穷的大自然。

二是在观察中启发孩子，让他们将观察和思考完美地结合在一起。当孩子热衷观察微观事物时，父母可以给孩子补充讲解一些相关的知识，进一步激发孩子研究思考的兴趣。

三是创造条件，让孩子多一些观察的机会。节假日，父母可以带着孩子去广阔的野外走一走，以发现更多、更有趣的微小事物。如果条件允许的话，还可以带上放大镜、显微镜等工具，方便孩子看得更清楚仔细。

第三章

生活行为：
培养自理自律的孩子

　　仔细观察不难发现，生活中那些出类拔萃的孩子，都是自理、自律的榜样。自理，就是自己的事情自己做，还能做得有条不紊；自律，是自我控制力的一种体现，即能够始终保持理智和冷静的头脑，不沉迷，也不会被不正当的爱好束缚住。

　　培养孩子良好的自理和自律生活行为与习惯，将为孩子的成长带来极大的好处。从某种意义上说，孩子们的自理和自律程度，也决定了他们日后的人生成就和高度。由此可知，引导和培养孩子，就要从自理、自律入手，在日常生活中，要求他们做到按时作息，讲卫生，懂礼貌，做事有计划、有条理，懂得体谅父母，积极参加家务劳动等。相信持之以恒地坚持下去，孩子的个人综合素养自然就会有质的改变与提升。

儿童在家庭中的日常生活

　　孩子是家庭的希望，父母都希望孩子健健康康、快快乐乐地成长，能够身体好、胃口好、学习棒、养成良好的行为习惯。

　　当然，关心和爱护孩子的前提，是要对孩子日常家庭生活的内容有一个全面的了解，这样才能有针对性地培养和引导孩子。

儿童居家生活的日常内容都有哪些

　　孩子的成长是父母最为关心的话题之一，关心孩子的成长，首先要关心孩子的日常生活，那么父母需要了解孩子日常生活的哪些方面呢？

饮食

　　孩子的饮食为什么是父母首先应关心的呢？这是因为合理健康的

饮食促进孩子的身体成长，反之则会影响孩子的健康成长。在饮食方面，父母主要应当关心孩子吃得饱不饱、好不好，营养搭配是否合理。

生活中，有些父母为了提高孩子的营养标准，让孩子摄入了许多肉食，或者一味迎合孩子的喜好，只提供孩子爱吃的食物，认为这样就能够确保孩子吃得好了。

其实，父母的这种认知和做法是错误的。在孩子成长期间，摄入肉食等富含蛋白质的食物是必要的，不过也要注重营养均衡问题，要注意科学膳食，多补充一些富含维生素的食物，孩子才能茁壮成长。

着装

确保孩子身体健康不生病，着装也是需要重视的一项内容。儿童的免疫系统还不够完善，面对温度变化、季节转换、流行病毒等复杂情况，如果不能及时调整着装问题，那么孩子就可能出现身体不适，感冒、发烧的情况将时常发生。

对此，在家居生活中，父母千万不要忽视年幼孩子的着装问题，应细心留意天气变化，适当地给孩子增减衣物。

运动

生命在于运动。想要拥有强健的体魄，必要的体育锻炼不可少。对于孩子来说，运动有着很多的益处，不仅可以促进孩子的骨骼发育，也可以锻炼孩子肢体的协调性。与此同时，进行合理的运动锻炼，能够帮助孩子放松心情，拥有愉悦的情绪，这有益于孩子的身心健康发展。

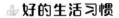

好的生活习惯

孩子应当有好的生活习惯，如按时睡觉、早睡早起、讲卫生等。而所有这些，都不是自发形成的，需要父母后天的正确引导和培养。

孩子好的生活习惯，应当从小抓起，从日常生活中入手，从衣食住行等各个方面打好基础，这样才能养育出自律且综合素养高的孩子。

孩子应当知道的日常生活常识

作为父母，应当让孩子了解一些日常生活常识，这对孩子的成长而言十分重要。那么，在实际生活中孩子需要了解哪些必要的生活常识呢？

一是做好环境卫生。

一个温馨的家庭，不仅要有充满爱的氛围，还要有干净卫生的环境。父母首先要让孩子明白家庭环境卫生的重要性。

父母要做好榜样，带头扫地、拖地，定时清洁消毒，做好通风工作。确保室内环境整洁、干净无污染，给孩子的个人成长创造一个舒适健康的生活环境。

在做好家居环境卫生的同时，父母还要告诉孩子，个人卫生也不能忽视。日常生活中做到勤洗手、勤刷牙，衣服穿戴和床铺用品也应干净整齐。

在做好家居环境卫生和个人卫生的过程中，慢慢激发孩子和家长一起从事家务劳动的兴趣，一步步提升孩子的自理能力，如穿鞋、穿袜子等。拥有了自理的能力，他们就会逐步成为日常生活中的"小能手"。

二是掌握安全常识和文明常识。

安全常识包含很多方面的内容。如遇到陌生人敲门怎么办？过马路需要注意些什么？出现火灾的时候应该怎么做？这些都是孩子应该知道的，父母应该通过引导教育，让孩子树立必要的安全意识。

文明常识也是孩子必须知道的。文明常识主要包括有修养、懂礼貌、接人待物落落大方等。父母应引导孩子了解基本的文明常识，逐步提升他们的综合素质。

三是具有自律精神。

自律精神也是孩子日常生活中需要具备的，这包含两个方面，一是生活作息规律，二是学习有计划。

在作息方面，父母可以为孩子安排一个作息时间表，让孩子按时吃饭、早睡早起，养出强壮的身体。在学习方面，父母可以帮助孩子制订一个劳逸结合的学习计划，让孩子养成良好的学习习惯。

按时作息，拒绝懒惰

　　好的身体，从好的生活习惯开始。按时作息、拒绝懒惰，这对于正处于长身体和行为习惯养成阶段的孩子来说至关重要，甚至在一定程度上决定了孩子未来人生的发展方向。生活中那些能够做到早睡早起，还能够让自己动起来、充满活力的孩子，在家里面是人见人爱的好孩子，在学校里也是学习勤奋上进的好学生。

你家有喜欢赖床、生性懒惰的孩子吗

　　每一个孩子都是父母的"心头肉"，但孩子身上存在的一些缺点，也常常令父母十分苦恼，比如喜欢赖床的"熊孩子"，就会让父母大伤脑筋。

　　霖霖是一个五岁的孩子，性格开朗，精力旺盛，身上有着很多值得夸赞的优点。但令父母头疼的是，霖霖缺少按时作息的好习惯，做事不积极勤快。

每天晚上，哄霖霖入睡是全家最大的难题。都夜里十来点钟了，劲头十足的霖霖依然在屋子里跑来跑去。让他安静一小会儿，都是一件"奢侈"的事。

晚上到了该睡觉的时间，家人让霖霖早点去睡时，霖霖就会找各种借口推脱，和父母讲条件。比如这部动画片太好看了，让我再看最后一集，或者是我就玩十分钟游戏，玩完马上乖乖上床睡觉。但他每次作出保证后，都会很快食言，一个要求接着一个要求，让爸爸妈妈哭笑不得，每一次都要和大人纠缠半天才肯睡觉。

睡得晚，自然也会起得晚。眼看着去幼儿园的时间到了，霖霖还躺在床上呼呼大睡，看到他这样，爸爸妈妈既着急又无奈。

霖霖喜欢晚睡晚起不说，生活中的他，也有一些懒惰的习性。比如自己的事情不自己做，非要爸爸妈妈帮他做；学习上也不是太主动，练字、学习拼音等家庭功课，不到火烧眉毛了，也是能拖就拖。

为此，霖霖的父母也非常发愁，他们迫切希望培养孩子按时作息的好习惯，改掉他身上懒惰的行为。

改正不良的行为习惯，做到早睡早起并不难

实际上，改变孩子晚睡晚起、不按时作息的不良习惯也不难，这里有这样几个办法，可供父母学习参考。

日常生活中，父母要以身作则，做好表率

有的父母晚上有晚睡的习惯，看手机，打游戏，追连续剧，是十足的"夜猫子"。父母这样做，一方面会影响到孩子的正常作息，孩子想睡也睡不着；另一方面，不自律的父母成了"反面典型"，耳濡目染下，孩子自然会照着学习模仿，也会熬夜不睡觉。

父母是孩子最好的老师，一旦父母能够从自身做起，改掉不能按时作息的不良习惯，孩子也会跟着逐步发生改变。

给孩子营造温馨安静的入睡环境

按时作息，环境非常重要。入睡前，不妨将灯光调得柔和一些，这样更有助于孩子快速入睡；孩子兴奋睡不着时，父母也可以给孩子讲一些童话故事，听一些轻柔舒缓的音乐，在安静温馨的环境中，孩子就能很快入睡了。

开展有趣的起床比赛，让孩子养成早起的好习惯

早上起床时，爸爸妈妈可以和孩子约定，谁起得早、衣服穿得快，谁就是乖宝宝。如果能够连续一星期都是第一名的话，可以满足一个小小的心愿。

有效的激励措施在引导和教育孩子方面，作用非常明显。这是因为孩子大多有"争强好胜"的心理，不愿服输。因此，在起床比赛的互动中，自然能激发和调动孩子起床的积极性，同时也能够很好地强化他们的时间意识。

做好监督工作

当孩子存在赖床或其他懒惰行为时，如果缺乏必要监督，他们会更加肆无忌惮，久而久之，就越发懒惰成性。一旦养成了懒惰的习性，想要去改变他们，就会很难了。

所以，父母在孩子小的时候，就要从生活和学习两个方面入手，经常性地去引导和督促他们，做到严厉而又不失温和，最终让他们成为作息规律、勤劳积极的孩子。

少吃零食，不挑食、不厌食

孩子不爱吃饭，喜欢吃零食，还经常挑食，这是什么缘故呢？很多时候，问题就出在父母的身上。现代社会，生活条件好了，一些父母常会给孩子买大量的零食，认为这才是爱孩子的表现。

实际上，这样做会带来诸多不良后果。经常吃零食，会打破孩子正常的饮食规律，一旦形成挑食、厌食的坏习惯，会极大地影响他们的身体生长发育。

不良饮食习惯的危害不容忽视

孩子在生长发育期间，需要多元化的营养补充，以确保充分摄入和吸收各类有益元素。因此，正常合理的饮食习惯非常重要。饮食正常，营养全面，才能够有效促进孩子健康发育。

琪琪是一个八岁的孩子，前一段时间她参加了学校组织的体检，一组体检数据让她的爸爸妈妈十分担心。

原来体检报告单上显示，琪琪的身高和体重都不是太理想。身高方面，要比同龄的孩子矮一些；体重方面，却严重超标。而且琪琪小小的年龄，就患上了严重的龋齿。

经过总结和反思后，她的父母也终于明白，这一切都是零食惹的祸。

琪琪小时候比较顽皮，吃饭的时候很难安静下来。为了鼓励孩子安静吃饭，琪琪的妈妈就和她谈条件：好好吃饭，就会奖励美味的小零食。

一开始，效果很明显，琪琪也非常配合吃饭。不过时间长了，问题就暴露了出来。原本饮食还算正常的琪琪，对食物越来越挑剔，不是这个不爱吃，就是那个不合胃口。有时候遇到不合自己胃口的饭菜，琪琪就干脆拒绝动筷子，大人在一边吃饭的时候，她却拿起小零食，吃得津津有味。

就这样，随着琪琪年龄的增长，她厌食、挑食的问题也越来越严重。一日三餐，几乎没有好好上桌吃过饭，原本是作为辅食出现的零食，却成了琪琪的正餐。直到这次体检，琪琪的父母才意识到了问题的严重性。

生活中，类似琪琪的例子比比皆是。一些父母迁就孩子，以满足孩子吃零食的小愿望来诱导孩子吃饭；也有一些父母溺爱孩子，经常给孩子买零食。无论哪一种行为，最终都会导致孩子产生挑食、厌食的不良生活习惯。

小孩子都爱吃零食，然而零食吃多了，频繁的进食次数，会让胃部一直处于一种工作状态，没有饥饿感，因此到了正餐的时间，就不会好好吃饭，挑食、厌食也就会成为常态。

另外，孩子们喜爱的零食里面，甜味食品占据较大的比重，糖分摄入得多了，体重就会直线上升，同时也会增加患上龋齿等口腔疾病的概率。

更为关键的是，因为偏爱零食，再加上厌食和挑食，孩子身体发育期间所需要的各种营养元素就会出现缺失的情况，营养一旦不均衡，想要长高变壮显然就很难实现了。

如何让孩子改掉不良的饮食习惯

孩子爱吃零食，经常挑食、厌食，爸爸妈妈该如何纠正孩子的这些不良饮食习惯呢？

严格控制孩子的零食，保证食物品种的多样化

零食对孩子身体发育的危害性不容忽视，在日常生活中，父母一定要督促孩子改掉爱吃零食的坏习惯。当然，也不是说零食一点也不能吃，只是在数量和次数上要加以合理控制，不要因为孩子一脸委屈、一副可怜巴巴的样子，就一时心软给他们买零食吃。在有效约束孩子吃零食这一点上，父母绝不能"心慈手软"。

如果孩子减少了零食的摄入量，肚子空空时就只能好好吃饭，厌食、挑食的情况自然也会有所好转。因此，想要孩子养成好好吃饭的

好习惯，就要从控制孩子吃零食的源头抓起。

当孩子正常饮食时，父母也要多花费一些小心思，尽量做到食物品种多样化、丰富化，这样也能在一定程度上改善孩子厌食、挑食的问题。

讲好"食物故事"

孩子有时厌食、挑食，是因为他们对食物的来源和营养不了解，所以才拒绝"下筷子"。比如有些孩子爱吃肉，看到蔬菜就躲得远远的，这时父母就要扮演为孩子讲解食物营养的"科普老师"，告诉孩子各种蔬菜的营养价值，引起他们的兴趣。

有条件的话，父母也可以在节假日带上孩子来一次田园旅行，让孩子亲自到田间地头走一走，看一看，加深对食物生长状况和来源的了解，改变对某些食物的"偏见"。

带领孩子一起参与"家常烹饪"

孩子大多天性活泼，遇到新鲜的事物，好奇心和参与感也非常强烈。父母可以充分抓住孩子的这一特性，在做饭的时候也让孩子参与进来，给他们分配一些力所能及的小任务，一起动手，烹饪出一道道美味佳肴来。

面对自己的"劳动果实"，相信孩子的进食兴趣会大大提升，父母也不用过多地担心他们不爱正餐了。

讲卫生，懂礼貌

讲卫生，懂礼貌，是孩子综合素养的重要体现。所以，孩子讲卫生、懂礼貌的好习惯要从小抓起，父母应反复引导和培养，让孩子成为一个干净整洁、文明礼貌、有着良好行为习惯的孩子。

一屋不扫，何以扫天下

瑞瑞今年五岁了，他开朗活泼，阳光自信。但瑞瑞有一个不好的行为习惯，那就是不讲卫生。

比如，在外面玩耍时，当瑞瑞玩得高兴时，就会直接和其他小朋友趴在地上玩，衣服脏了一点也不在乎；爸爸妈妈买回水果，他看到后拿起来就吃，也不管洗了没有；晚上睡觉时，爸爸妈妈追着他洗脸、洗脚，瑞瑞却不理不睬，跳进被窝里不出来。

生活中，像瑞瑞这样的孩子不在少数。他们起床后，会下意识地躲避刷牙洗脸；流了鼻涕，也会直接拿袖子蹭，身边放着纸巾，也选择无视。总而言之，不讲卫生，是这些孩子身上的一个共同点。

有些家长认为孩子不爱讲卫生的问题没什么大不了的，认为小孩子就爱马马虎虎，长大了也许就会有所改变。

实际上，童年期是孩子养成良好行为习惯的关键期，父母一旦忽视了，等到不良行为习惯形成后再去纠正，就很难了。

东汉时期，一个名叫陈蕃的少年非常爱学习。专注读书学习的他，忽略了个人卫生，院子里杂草丛生，屋子里面也是凌乱不堪，灰尘到处都是。

有一次，陈蕃父亲的一位好朋友过来看望他。当这位朋友走进屋里，看到陈蕃将家里搞得这么乱，就忍不住批评了他几句，说："你这样不讲卫生，以后来了朋友，你怎么招待他们呢？"

陈蕃听了，振振有词地反驳说："这有什么，作为有远大志向的好少年，眼睛不能只盯着一间小小的屋子，我将来的目标，是能够扫除天下，为国家做贡献。"

这位朋友一听，不由哑然失笑，他反问陈蕃："如果一个人连自己小屋子的卫生都搞不好，还谈什么扫除天下呢？"一句话，说得陈蕃面红耳赤，从此他改掉了自己不讲卫生的坏习惯，变得更加勤奋努力起来。

陈蕃的故事告诉我们，从身边小事做起，养成良好的行为习惯，才能够为成就大事业打好扎实的基础。

父母明白了这个道理，自然要注重引导孩子养成讲卫生的好习惯。那么，在日常生活中，又该如何教导孩子呢？

首先是言传身教，父母要起到带头示范的作用，告诉孩子讲卫生的重要意义。相信在讲卫生的爸爸妈妈的带动影响下，孩子也一定会以讲卫生为荣。

其次是制定一些可以具体操作的规则，张贴在墙上，检查和督促孩子一件件去落实，做到了就要及时地鼓励表扬。也许三两天不会有太明显的效果，但是时间长了，孩子适应了，这种好的习惯自然就能坚持下来。

文明礼仪，也要从娃娃抓起

在孩子日常行为的引导上，不仅要让孩子讲卫生，也要让孩子讲文明懂礼仪。德国诗人歌德曾说："一个人的文明礼貌，就是一面照出他的肖像的镜子。"当孩子讲文明懂礼貌，做到谦和有礼，会让他显得更加可爱。那么，如何去引导孩子懂礼貌呢？

让孩子懂得什么是礼貌，并意识到礼貌的重要性

孩子由于年纪还小，往往缺少完善的认知。因此，当孩子有不讲礼貌的行为时，家长不要急着去批评，这样只会让孩子很委屈、很受伤。

正确的方法是，一方面父母要耐心向孩子解释什么是礼貌以及懂礼貌的意义，让孩子知道接人待物必须做到彬彬有礼、热情大方，这样才能成为一个有修养、有素质的乖孩子。

另一方面，父母要做好榜样示范，遇见长辈或陌生人来访，告诉孩子要主动打招呼，说"您好""请坐"等礼貌用词；得到外人的帮助时，也要教导他们说一声"谢谢"；就餐时，也要让长辈先动筷子。

让孩子多参加一些社交活动，强化他们的礼貌意识

讲文明，懂礼貌，离不开特定的社交活动。在公共场合，孩子以礼貌的方式多和其他人交流沟通，会不断强化他们的礼貌意识，也能够有效提升他们的品德修养。

在家会客时，父母不妨让孩子干一些力所能及的小事情，如给客人搬凳子、拿杯子等；在公共场合，可以让孩子及时主动地上前与人打招呼、问候。孩子见闻多了，经历多了，一个好的行为习惯就会在悄然间养成了。

父母不包办，自己的事情自己做

在孩子的人生成长过程中，自理能力是非常关键的一项素质。自理能力强有利于孩子树立起独立意识，养成良好的自立习惯。而独立意识和自立习惯，能够让孩子更好地融入集体和社会之中，即使在生活或学习上遇到了困难，他们也有强大的信心和勇气解决困难。

孩子缺乏自理能力，都是父母"惹的祸"

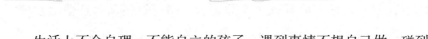

生活上不会自理、不能自立的孩子，遇到事情不想自己做，碰到难题就往后退，总等着父母帮忙解决。这些孩子缺乏自理能力和自立精神，并不是天生的，而是和他们父母的教养方式有关。

六岁的雨辰，就是这样的一个孩子。雨辰从小到大，几乎所有的事情，都由爸爸妈妈替他去做。就拿很简单的穿衣服这件事情来说，雨辰四五岁的时候，完全都可以自己动手穿衣服了，他还是习惯依赖父母。早上起床就睡眼惺忪地坐着不动，等着妈妈过来帮他穿戴好。

和小朋友在外面玩耍，一不小心鞋带开了，有小朋友提醒他，让他赶快将鞋带系好，不然很容易被绊倒。谁知雨辰却满不在乎地回答说："不急，没关系，回家让我妈妈帮我系好就行了。"说着，他随手将鞋带随意塞进鞋子里，继续和小朋友跑着玩。

学校里的雨辰，也是同学眼中的"懒小子"，书包脏了，衣服该换洗了，或者是头发乱糟糟需要清洗了，不论谁提醒他，他总是以"不变应万变"："没事，我爸爸妈妈看到了，一定会管的，你们就别操心了，说我也没用，这些事我自己也做不来。"

从雨辰的身上，我们看到了很多孩子的影子。他们聪明机灵，外向调皮，然而在生活自理上却是一个"马大哈"，在他们的心目中，发生任何事情都不要紧，反正有爸爸妈妈帮着处理，根本就不用自己操一点心。

显而易见的是，这些孩子缺乏自理能力，根源就在于父母缺乏必要的教育和引导。生活中，有些父母十分勤快，疼爱孩子的他们，会主动帮孩子揽下很多本应该由孩子独立完成的事务，生怕让孩子受一丁点儿累。即使有时候孩子下意识想去做，这些父母还会阻止孩子说："放下吧宝宝，你做不好，让妈妈来，你只管去玩好了。"

父母都包办一切了，孩子还能做什么呢？这样做的后果，自然是让孩子养成了"衣来伸手，饭来张口"的不良行为习惯。等到他们长大成人后，才慢慢发现自己成了"巨婴"，自理能力极差。

不做温室里的花朵，多让孩子经受锻炼

有这样一则寓言故事，富有深刻的哲理。

草原上，一只兔宝宝和兔妈妈生活在一起，乖巧的兔宝宝是兔妈妈的最爱，兔妈妈总会把最好的食物都留给它，希望它快快长大。

不过，兔妈妈和兔宝宝一直深受大灰狼的困扰，一不小心，就有可能成为大灰狼的美餐。

为了锻炼兔宝宝的生存能力，兔妈妈一有时间就领着兔宝宝在草原上四处溜达，告诉它什么草能吃，什么草吃了会肚子疼。

在兔妈妈的引导和鼓励下，经历了实践锻炼的兔宝宝，掌握了很多很多的生活技能。

有一天，兔妈妈外出时，不小心被一只大灰狼发现了，在一番追逐下，兔妈妈虽然成功摆脱了大灰狼的追逐，不过也许跑得太远了，它迷失了回家的路。

虽然和妈妈失去了联系，但是兔宝宝一点也不慌张，因为它早已学会了生存下去的技巧和方法。凭借着独立生活的能力，兔宝宝终于等到了兔妈妈平安归来。看到孩子安然无恙，兔妈妈感觉很欣慰，它知道平日里对兔宝宝各种生活技能的训练，终于起到了作用。

这则寓言故事告诉天下所有的爸爸妈妈，在陪着孩子长大的过程中，一定要让孩子经受锻炼，吃饭、穿衣、整理个人卫生等孩子自己能够完成的事情，也一定要让孩子早一点自理，只有自理、自立了，他们才能真正地成长起来。

邀请孩子一起做家务

你家的孩子会做家务吗？生活中，你是否主动要求孩子一起参加家务劳动呢？不要小看不起眼的家务劳动，实际上，这也是在培养孩子自理、自立的能力，人们越来越重视从小培养孩子参与家务劳动的意识和动手能力，通过一定的家务劳动锻炼，能够让孩子得到更为全面的发展。

孩子为什么应当参与一些家务劳动

提起家务劳动，很多父母认为这些家庭内部的琐碎活计，都应该由大人负责完成，和孩子无关。

也有一些父母，虽然他们也期望孩子可以陪着自己一起做家务，却又担心会因此占用孩子的学习时间，所以最终还是自己承担所有的家务。

虽然大人们完全可以搞定日常家务，无须孩子帮手，但父母还是应该找机会让孩子参与家务劳动。其中的原因有这样几个。

一是通过一定的家务劳动，可以增强孩子的动手能力，对他们的身体发育大有裨益。比如一家人吃完了饭，孩子帮着大人一起动手收拾，适当地活动一下，有助于他们的肠胃消化。而且和父母一起动手做家务，也会减少他们看电视、玩手机的情况，这也是家长希望看到的局面。

二是烦琐细小的家务劳动可以锻炼孩子的认知技能。比如，通过对家里各类物品的整理、归纳，可以很好地锻炼孩子对事物的分类整理能力；在从事家务劳动时，孩子会安排做家务的先后顺序，这样可以锻炼孩子的统筹管理能力。

三是通过家务劳动，可以培养亲子关系，让孩子变得更乖巧懂事、善解人意；同时他们在劳动过程中也会体谅到父母的各种艰辛和不易，责任感和感恩意识也就会在不知不觉中产生了。

巧妙邀请孩子一起参与家务劳动

命令孩子参与家务劳动和邀请孩子快乐地加入家务劳动，是两种截然不同的情况。有些父母为了让孩子一起劳动，会用命令的口吻提出要求，很可能会激起孩子的不满和反抗，这样的强迫参与，效果其实并不好。

也有一些父母，会采用金钱奖励的方式。一开始，孩子的积极性也许会被调动起来，不过时间长了，他们对劳动兴趣寥寥，对奖励的"胃口"却变大了，使整件事失去了原来的意义，显然，这样做不是长久之计，会对孩子的思想认知带来负面影响。

聪明的父母常常会从这样几个方面入手，让孩子愉快地答应父母，一起快快乐乐地劳动。

一是引导孩子，先从小的家务劳动开始。

小孩子天性活泼，好奇心强，好胜心切。父母抓住孩子的这些特点，可以先让他们干一些轻松的家务劳动，从小事做起。如帮爸爸擦桌子，帮妈妈倒垃圾等，让他们从小养成爱劳动的习惯。

二是用"请求帮忙"的语气，而不是抱怨和指责。

父母平时忙于工作，业余时间再去洗衣做饭陪孩子，一整天下来也确实挺辛苦的。虽然如此，我们也不能把辛苦当作指责和抱怨孩子的借口，当着孩子的面，说一些讽刺的话语，刺激孩子"自觉"帮做家务，这种做法往往会适得其反。

正确的做法是，和孩子商量，请他们当父母的好帮手，相信大多数孩子都是通情达理的，也会积极主动地参与进来。

三是感谢孩子的帮忙。

忙完了家务，虽然累了点，不过一家人却其乐融融。这时父母不要忘记对孩子说一声谢谢，感谢他们的参与减轻了爸爸妈妈的负担。一声轻轻的感谢，会让孩子生出无限自豪感，以后做事就会更主动了。

不良生活行为矫正

在日常生活中，细心的父母如果留意观察的话，会发现孩子身上有一些不太引人注意的不良行为习惯，如咬指甲、吸指头、乱扔东西等。这些不良习惯，不仅对孩子的身心健康不利，也会极大地影响他们的外在形象。

孩子不良行为的危害

孩子在成长发育的过程中，受主客观因素的影响，会无意识地产生一些不良的行为习惯。需要注意的是，这些不良生活行为需要父母认真观察才能发现，不然就很容易忽略。

一位妈妈带着孩子去医院取药，孩子的手指受伤流血了，需要涂抹一下。取药的时候，医生随口询问孩子手指出血的原因，妈妈哭笑不得地低声告诉了医生事情的原委。

原来是孩子爱咬指甲的不良习惯引起的。一开始，妈妈根本没有注意到孩子咬指甲的习惯，她只是奇怪，孩子的指甲从来不见长长过，当时她还想着是不是孩子偷偷用了指甲剪剪掉了呢。

后来有一次，妈妈陪着孩子一起看电视，妈妈无意识地扭了一下头，看到孩子一个人静静地坐在沙发的一角，一边看电视，一边用牙齿啃咬着手指甲。

妈妈看到后，当场就制止了孩子的行为，她还给孩子科普说，用嘴咬指甲，不仅很容易将手上的细菌"吃进"肚子里，而且一个不注意，指甲撕裂了，还会连带手指承受"皮肉之苦"。

谁知妈妈一番苦口婆心的教育并没有起到多大的作用。这不，孩子又咬指甲，一用力，不小心将指甲旁的小块肉皮都撕了下来，虽然伤口不大，不过十指连心，孩子疼痛难忍，就赶紧带孩子来医院抹药。

生活中，有很多孩子与这个孩子相类似，他们身上存在着一些让父母苦恼的不良生活行为，如挖鼻孔、吸指头、磨牙等，不一而足。这些不良的生活行为，父母一定要加以重视，做到早发现早干预。

小习惯，大问题，早日纠正是关键

孩子身上存在的一些不良生活行为，会影响到他们的身心健康，也会让父母倍感担忧。所以，尽早纠正这些不良习惯更显得尤为重要，那么父母该从哪里入手呢？

寻找原因

找到原因，才能对症治疗。比如一些孩子爱咬手指甲，是从身边人学习模仿来的，有一些父母自己本身就爱咬指甲，自然把这种坏习惯"传染"给了孩子。找到根源后，父母就应从自身做起，做好表率。

如果不是身边人引起的，就有可能是孩子体内微量元素缺乏造成的，这时不妨带孩子去医院做一个检查，对症治疗。

鼓励孩子，安慰孩子

孩子的一些不良行为，有时是受心理因素影响的结果。生活中一些内向的孩子面对陌生的环境时，会下意识地用吸吮手指的方式来缓解内心的紧张和不安。

父母发现孩子爱吸手指后，就要及时地安慰孩子、鼓励他们。当孩子慢慢变得阳光自信起来后，他们这种不良的生活行为自然也就消失了。

转移兴趣

转移兴趣，也是引导孩子逐步改正不良生活行为的小妙招。比如，可以让孩子练习书法绘画，从而磨炼他们的品性，培养他们沉稳内敛的气质。长久地坚持下去，孩子的一些不良行为习惯就会有很大的改观。

多给孩子灌输重视个人外在形象的道理

父母可以以开玩笑的方式对他们说："你看你长得这么帅，怎么能爱挖鼻孔呢？爸爸妈妈不笑话你，其他小朋友看到了会怎么看呢？"这种做法，对一些孩子非常有效果。

第四章

学习行为：

培养勤学敏思的孩子

　　养育子女，无论是对孩子生活行为上的指导，还是对他们学习行为上的引领，都是一个不断持续探索的过程。

　　如何才能培养出爱学习、爱思考的优秀孩子呢？这需要掌握科学的教养方式。父母在生活中，应当从孩子的学习特点与规律入手，着力激发孩子浓厚的学习兴趣，提升学习专注力，注重智力开发，一起制订高效率的学习计划等。这样能够让孩子养成良好的学习行为习惯，也能够较好地让孩子的身心在学习习惯养成的过程中，得到更为全面的发展和进步。

儿童学习行为的特点与方式

在生活中，一些家长在培养孩子方面非常下功夫，希望孩子能够早日养成好的学习行为习惯，然而因为不太了解孩子的学习特点和方式，常常感觉无从下手。

所以，引导孩子学习，先要从了解他们的学习特点和方式着手，方向对了，孩子的学习自然就能收到事半功倍的良好效果。

儿童学习行为的特点

在儿童认识世界、探索世界、了解五彩缤纷的大自然的过程中，离不开学习。那么，你知道孩子学习行为的主要特点是什么吗？

显然，建立在主动参与意识下的直觉思维感知，是儿童学习行为的重要特点。观察儿童的日常行为表现就可以看出，他们对外部世界的认知，主要来自自身的感觉器官，如手、眼、耳等。

眼前的物体是软的还是硬的，需要用手去触摸感知；绿色的树叶、粉色的花朵等各类物体的颜色，需要通过眼睛去看；而外界各种悦耳的声响，自然离不开耳朵这一听觉器官的捕捉。正是身体多种器官的综合协调运用和相互配合，一个立体、多彩、充满音律感的外部世界才在直觉体验下，在孩子的脑海形成了初步的轮廓。

由此可知，儿童的学习能力，并不像人们想象的那样处于较低的水平，相反，每一个智力正常的孩子都具有超强的学习能力。外部环境的一切运动变化，都会引发孩子们强烈的好奇和探索欲望，他们看在眼里的同时，大脑也在积极地思考着，在和外部环境互动的过程中，一个学习认知的过程便在悄然间完成了。

所以，留意身边的儿童便不难发现，他们刚出生时还对世界一无所知，然而随着慢慢长大，两三岁左右他们便可以认识数百上千种事物，语言、行走等技能的掌握也达到了较为熟练的地步，模仿力、辨识力、记忆力都无比惊人，这就是儿童强大学习能力的体现。

当然，这一切都建立在特定的外部环境的基础上，离开了必要的外部环境，他们的学习能力就会大打折扣。

除此之外，儿童学习行为还有一个特点，那就是缺乏持续注意力。简单地说，就是他们对外界事物的关注时间在大多数情况下都不是太久，除非能够引起他们极大的兴趣，否则他们的注意力就有可能迅速转移到下一个对象身上去，不具有持久性。这也是家长在引导孩子学习行为时，必须重点关注的问题。

儿童学习行为的方式

了解了儿童主动性、体验性的学习特点，那么他们的学习行为方式有哪些呢？

学习方式，是个体接受、储存知识技能时所采用的方法和方式。对于成年人来说，主要是从书本和实践活动两个途径获得，有背诵、记忆、操作等多种方式。具体到儿童身上，他们的学习行为方式是怎样的呢？

观察学习

儿童通过直接观察和体验，以获得对外部世界更为直观、清晰的认知。通过这种学习方式，儿童获得的学习内容会因个人的观察能力不同而有所差别。比如有些孩子观察力敏锐一些，往往能够从细微处发现更多的东西，他们的学习能力自然就强一些。

动手操作学习

动手操作学习，即直接上手体验，通过玩、摸、触碰以及拆卸组装等方式，来获得知识信息，提升智力。

动手操作学习，是儿童学习行为的一个主要方式。也可以说，儿童在后天学习过程中获得的各种知识经验，大多需要通过动手操作完成。这一点，尤其适用于三到六岁左右的儿童，通过一定的操作活动来探索眼前的世界，不仅能够快速有效地增长儿童的才智，也能够有效弥补他们语言表达方面的不足，当从中有了获得感和成就感后，儿童的自信心也会得到进一步的增强。

接受性的语言理解学习

儿童接受性的语言理解学习，主要包括倾听、阅读、提问、对话等多种形式。也就是父母或老师讲解，儿童向父母、师长提问、讨论的一个交流沟通过程。比如汉字的认读，绘本故事的讲述等，都属于这一类。

发现和培养孩子的兴趣

兴趣是最好的老师。对于儿童来说，一旦他们找到了自己感兴趣的事情，就会忘我地投入其中，在高度的内驱力的支配下，学习动能澎湃不说，学习效率也会直线提升。

有兴趣，学习才会更有主动性

宁宁是一个九岁的孩子，这段时间爸爸正为宁宁的事情发愁。原来，暑假来了，爸爸和妈妈都忙于工作，爸爸担心宁宁一个人在家里天天看电视，于是就将宁宁送去了围棋班，认为学习围棋有助于促进孩子的智力发展。

谁知道学习围棋没几天，宁宁就一直缠着爸爸，说他对学习围棋没兴趣，一上围棋课就瞌睡，总也打不起精神。宁宁的话语，让爸爸哭笑不得。

"那你爱学什么呢？"爸爸把"皮球"踢给了宁宁。

"前两天和妈妈去游泳馆，我喜欢游泳，学会了游泳，说不定还能当世界冠军呢！"宁宁小大人的神态，把爸爸给逗笑了。

"行，咱们就试试游泳，这次你如果再半途而废的话，爸爸可不高兴了啊！"和爸爸约定后，宁宁很快如愿以偿地学起了游泳。

还别说，对游泳非常感兴趣的宁宁，学习起游泳来有模有样，日常练习也非常刻苦。在一起学习的孩子中，宁宁取得的进步最大。暑假结束，宁宁还获得了教练颁发的"游泳小能手"的证书，作为对宁宁的鼓励和肯定。

宁宁的故事告诉我们，兴趣是学习的原动力。当孩子对身边的某一事物产生了强烈的好奇心和学习兴趣时，只要是正当合理的要求，父母就应当顺势而为，配合和支持孩子去学习、去探索、去成长。

法国著名昆虫学家法布尔，小时候就对神奇的大自然有着极大的好奇心，自然界中的鸟鸣虫唱，都让小小的法布尔兴奋不已。虽然家庭条件艰苦，但法布尔始终保持着对昆虫研究的兴趣，最终他在昆虫学领域取得了伟大的成就，写出了享誉世界的畅销书《昆虫记》。

古往今来，类似法布尔因为兴趣而成就一番事业的人比比皆是，是兴趣让他们有了意义非凡的人生。

发现孩子感兴趣的地方，重点引导培养

兴趣，构成了孩子色彩斑斓的童年生活；兴趣，也是孩子人生扬

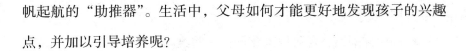

帆起航的"助推器"。生活中，父母如何才能更好地发现孩子的兴趣点，并加以引导培养呢？

及时解答孩子的疑问，发现孩子的兴趣点

孩子为什么特别爱提问呢？当他们能够用言语表达后，面对五彩缤纷的大自然时，大脑里充满了各种奇奇怪怪的问题，所以他们总是不停地提问，嘴里"为什么"三个字最多。

父母对于孩子的提问，不要有不耐烦的表现，及时解答孩子的疑问才是正确的做法。

在解答时，父母要认真观察，从中发现孩子热爱和感兴趣的事物。如果孩子"揪住"某个问题不放，或者是对某一事物一直能保持较长时间的兴趣，不厌其烦、乐此不疲地去探索，那么这就可能是孩子的兴趣点。

比如绘画，有些孩子对涂涂画画特别感兴趣，路边的一根树枝，地上的一片黄土，都会被他们当作工具饶有趣味地写着画着。如果孩子一直对绘画这件事保持热情，父母就应明白，这就是孩子的兴趣点所在。

有针对性地引导和培养

发现了孩子的兴趣点后，接下来的引导和培养就非常关键了。依然以绘画为例，如果孩子对绘画一直保持着兴趣，父母就应多给孩子提供绘画的条件，采买相应的工具，让孩子更专心地去学。

也可以在节假日的时候，带孩子多去亲近大自然，进一步激发他

们对绘画的兴趣。

条件允许的话，还可以给孩子报一些绘画的课程，通过名师的指点，让理论学习和实践操作完美地结合在一起，孩子也将因此在这一领域变得更为出色。

当孩子专心做事时，
不去打扰他

儿童的天性是什么呢？活泼好动无疑是最显著的一个体现。孩子很少有安静的时候，注意力不集中，专注某一事物的持续时间短，是孩子身上共同的特点。

但是，当孩子遇到自己感兴趣的事情时，就会忘我地沉浸在自我的世界里，专注认真。这个时候，父母请保持安静，最好少去干扰他。

不可忽视的专注力品质

专注力，是衡量一个人注意力集中与否的重要标准。当人们将自我的全部身心都沉浸在某件事情上时，就会对外界人或物的声响、动静等浑然不知，一心一意地学习、研究和工作。这些就是一个人专注力的外在体现。

专注力是人们身上一种非常重要的优秀品质，在学习和做事时，只有保持高度的专注力，才能学有所成，高效率地完成各项工作任务。

春秋战国时期，有一名下棋的高手，名叫弈秋。

弈秋棋艺高超，打遍天下无对手，备受人们的尊重，因此有很多人想要拜弈秋为师，向他学习棋艺。

可是拜师的小孩子实在是太多了，弈秋只得挨个考查，最后选中了两个聪明的小孩子，开始传授他们棋艺。

两个聪明的小孩子跟随弈秋学习后，进步都非常快，两人的棋艺也几乎相差无几。谁知过了几个月之后，弈秋发现其中一个小孩子退步了很多，远远比不过另一个小孩子。

这是什么原因呢？弈秋通过认真的观察后发现，退步的小孩上课时注意力不集中，一会儿低头在桌子上画着什么，一会儿又扭头看向窗外，心思都不在课堂上。

反观另外那个孩子，从始至终，他都能专心致志地听讲，神情专注认真。两相比较，一个进步，一个退步，也就不奇怪了。

两个孩子智力相当，起点也相同，他们的差距，其实就在于专注力上。

无独有偶，"发明大王"爱迪生做起科学实验来，也常常废寝忘食，全神贯注地专注其中。

有一次做实验时，饥肠辘辘的他因为太专注实验进程了，竟然错把手表当作鸡蛋放进了锅里煮了起来，闹了个大笑话。但正是因为爱迪生在科研上的专注精神，一项项伟大的发明才源源不断地从他的实验室诞生。

对于孩子来说，专注力的维系和培养也至关重要。作为父母，要引导孩子从小养成做事专注的良好学习行为习惯，给孩子以充分的成长空间，相信孩子的良好行为习惯会对其人生发展大有助益。

父母不要破坏孩子的专注力

拥有专注力的孩子，学习能力强，学习效率高，所以父母在教育培养孩子时，也要将重心放在孩子专注力品质的塑造上。然而有一些父母，常常会做出破坏孩子专注力的举动来，对此父母应当引起重视。

当孩子专注做事或思考时，尽量不去打扰

孩子做事常常只有"三分钟的热度"，专注力差，为此很多父母头疼不已。但是当孩子变得安静下来，正在努力思考或做事时，父母却又以"关心"为借口，打断他们思索和做事的进程，让孩子无法专心思考和做事。

比如，当孩子正在用心搭建"积木王国"时，父母会出言询问："要不要吃点水果？"当孩子在专心写作业时，父母会上前询问："渴不渴，要不要喝杯水？"

关心孩子没有问题，但不要在孩子专心做事或思考时打扰孩子，

此时应保持安静，让孩子心无旁骛地沉浸在自己的世界里，是对孩子最大的尊重。

不要好为人师

孩子专注力的培养，需要一个宽松自由的环境，孩子需要在这个环境中尽情地发挥和创造。父母事后可以指点总结，但是不要在孩子用心时做出"好为人师"的举动。

比如，孩子在学习做泥塑时，"好为人师"的父母总是在旁边各种指指点点，不是说孩子颜色用错了，就是嫌孩子捏得歪歪扭扭。这些行为，都是对孩子专注力的极大破坏。所以适时闭嘴，是对孩子专注力的最大保护。

儿童启智感官小游戏

儿童的学习成长，离不开必要的智力发育。适当开展一些益智小游戏，在寓教于乐的过程中，无形中就打开了孩子智慧成长的大门。

让我们一起认识一下启智感官小游戏吧

孩子智力的开发和智商的提升，是父母都无比关心的问题，试想谁不希望自家的孩子聪明机敏、活泼可爱，是一个小小的"机灵鬼"呢？

在现代儿童的智力开发上，启智感官小游戏成了必不可少的选择。那么，什么是启智感官小游戏？它对孩子的智力开发又起到了什么样的奇妙作用呢？

简单地说，所谓的启智感官小游戏，主要是指那些可以有效锻炼儿童感觉和知觉的一种有趣的智力类游戏，可以增强孩子对外界事物的认知。

众所周知，孩子的感知觉由五大部分组成，分别为触觉、嗅觉、味觉、视觉和听觉五个方面。启智感官小游戏，正是围绕着如何合理有效开发训练孩子的五大感知觉展开的。

除此之外，启智感官小游戏，还包括了对儿童平衡感和本体感的锻炼。

平衡感比较好理解，是指锻炼孩子的平衡力；而本体感，主要指的是通过一定的游戏锻炼，让孩子能够充分感知身体的每个部位和其他部位之间的协调与联系。

比如孩子喜欢用彩泥来揉捏各种各样惟妙惟肖的小动物、食物等，在这个过程中，孩子通过调动全身的各种感觉器官，在有效锻炼动手能力的同时，也极大地丰富和提升了想象力与创造力。

所以启智感官小游戏看似简简单单，但它对于启发儿童的智慧起到了极大的促进作用。通过游戏，不仅孩子的想象力、创造力得到了充分的锻炼，孩子建立在学习能力基础之上的社交能力、研究能力、探索能力以及专注力等，也都得到了很好的开发训练。

和孩子一起开展多种形式的启智感官游戏

爱玩，是孩子的天性之一。在和孩子进行启智游戏互动的过程中，他们的主动参与正是"寓教于乐"教育理念的最大体现。通过多种多样的感官小游戏，孩子的智力发展也会进入"快车道"。

日常生活中，有哪些启智感官小游戏适合和孩子们一起玩呢？

启智感官游戏有很多种，不过大致上，围绕着启发智慧和提升孩子专注力，一般分为感官练习和益智健脑两大类别。

感官练习游戏，重点在于开发和锻炼孩子的感觉器官，提升他们感官的专注度和敏锐力。如果孩子在视觉专注上的表现不是太好，父母就不妨有针对性地在这方面下功夫，如找数字、走迷宫、连连看、找不同等，都是不错的互动小游戏。

孩子听觉上的专注度不够的话，父母也可以弹奏一些乐器，通过不同乐器发出声音，让孩子来分析辨别，从而达到训练他们听觉专注度的目的。

益智健脑的感官游戏也有很多很多，如有趣的拼图游戏、对对碰游戏等，都是不错的游戏项目，父母可以根据孩子的年龄和具体情况加以选择。

在陪孩子开展启智感官游戏活动时，家长也要扮演好参与者的角色，在增强亲子关系互动的基础上，陪着孩子一起成长。

这样做，促进儿童
精细动作的发展

　　孩子的精细动作能力，是和他们的大运动能力相对应的一种运动能力。如果说跳跃、奔跑等运动方式体现了孩子大运动能力的话，那么手眼之间、手指和手指之间的精准和协调等细小运动，则是孩子精细动作能力高低的重要体现。

儿童的精细动作发展重要吗

　　喆喆是一个八岁的小男孩，平日里喜欢各类体育运动项目，在学校里面，也是一个"运动小达人"，跑步、跳远都非常不错。

　　但是，喆喆的手部精细动作做得不是很好，已经小学二年级了，铅笔都削不好，平时总需要大人帮忙；提笔写字，也是写得歪歪斜斜。

生活中，喆喆也是个"马大哈"。早上起床，衣服穿得歪歪扭扭，如果父母仔细检查的话，十有八九，他衣服上下扣子都能扣错位置，让人觉得又气又好笑。

吃饭也是，喆喆用筷子吃饭时，总是会将很多饭菜掉在桌子上。种种迹象表明，喆喆的手部精细动作做得不是很好。

精细动作，主要指的是手部精细动作，也即手和手指、手指和手指之间协调一致的运动能力，如常见的抓、握、捏、拧、撕、拍等各种细小的动作。

这些细小的动作，有这样两个共同点，一个是都属于小肌肉群控制下的动作，另一个是动作看似细微，其实想要做好并不容易。

通过观察可以发现，很多孩子的大动作能力都非常不错，但在精细动作上，他们的表现就令人哭笑不得，好似大汉捏着一根绣花针一样，怎么都做不好。

有些父母或许不太注重孩子精细动作能力的培养，认为无关紧要。实际上，手部精细动作对孩子神经系统的发育有着显著的促进作用；同时，孩子各项生活技能的熟练掌握也离不开必要的手部精细动作。

多锻炼，促进儿童手部精细动作发展

手部精细动作，是力量型和技巧型完美结合的动作。光有力量是不够的，比如有些孩子用笔将纸都戳破了，写出来的字还是大小不一，因此还需要一定的协调配合能力。对此，父母想要提升孩子的精细动作能力，日常就要注重这方面的锻炼。

如果孩子的精细动作能力不够完美的话，父母可以充分结合孩子的心理特点，多和他们一起玩剪纸、折纸类的小游戏。

无论是剪纸还是折纸，对锻炼手眼协调以及双手之间的配合度，都有着非常明显的效果。有心的父母，可以多找一些类似的游戏，从最简单的入手，一步步加深锻炼，坚持下去，孩子的双手和手指之间的协调配合能力就会得到显著的提升。

父母还可以和孩子玩一些夹东西之类的有趣小游戏，对锻炼孩子肢体的精细动作，也很有益处。

孩子们在夹东西的时候，力量不是问题，欠缺的只是手指之间的协调配合。所以针对孩子的生理特点，父母可以有意识地让他们练习用筷子或镊子夹东西的动作，也可以训练他们做将小球投进瓶口的动作，持续不断地增强他们的精细动作能力。

当然，除此之外，还有很多种手工游戏，如捏彩泥、穿珠引线等，这些游戏对锻炼孩子的手部精细动作都有着不错的效果。

识别、远离危险物品和行为

在孩子的人生成长过程中，安全教育要贯穿始终，父母应高度重视孩子的安全问题，当好孩子人身安全的第一责任人和守护者，逐步引导孩子识别并远离危险物品，让孩子在做好防护的同时，掌握一定的自救知识。

孩子为什么缺乏安全意识

在孩子快乐无忧的童年生活中，安全问题往往成为"遮蔽阳光的一道乌云"。每年，由于缺乏安全意识造成的儿童安全事故不在少数。那么，为什么孩子的安全意识很弱呢？

主要有这样两个原因，一个是父母忽视了孩子的安全教育问题。孩子还小，不具备识别、判断眼前物品是否危险的能力，也缺乏对自身行为是否存在潜在安全隐患的必要认识。而如果父母在日常生活中不注重对孩子加强安全教育的话，孩子就很容易疏忽这些方面，从而引发各类安全问题。

另一个是孩子的性格特征决定的。小孩子对外界事物都有着强烈的好奇心和探索欲望，尤其是那些他们没有见过的稀奇古怪的东西，更容易激起他们"一探究竟"的心思。在这种心理意识的支配下，一旦父母看护不周，危险就会悄然而至，令人防不胜防。

比如，有些孩子爱模仿电视上的危险动作，看到里面的人物飞来飞去特别酷帅，忍不住就去模仿，危险也就这样产生了。

再者，每个孩子都存在着或多或少的叛逆心理，有时父母越是禁止他们某种行为，他们反而会越好奇，心里面就会生出无数个问号："为什么爸爸不让我把手伸到电源插孔中去呢？正好爸爸不在身边，我试试看，应该不会出问题吧？""妈妈说菜刀很锋利，不小心就会割破手，我不信，今天我就试试，看看妈妈到底有没有骗我。"

简而言之，无知、探索、好奇加叛逆，几乎构成了孩子安全问题的全部原因，也让很多父母为之大伤脑筋。

加强孩子安全意识教育，从这几方面入手

父母是孩子安全健康教育引导的第一责任人，陪伴孩子一起成长时，如何做才能最大限度地确保孩子安全，让他们快快乐乐地长大呢？

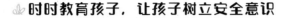

时时教育孩子，让孩子树立安全意识

安全无小事。平日里，父母一定要经常给孩子灌输必要的安全意识，让警钟长鸣，在孩子内心深处种下"重视安全"的种子。他们思想上有了认同和共鸣，再进行安全教育知识讲解，教他们识别危险物品，自然就事半功倍。

抓好孩子识别危险物品的工作

孩子年龄小，什么物品安全，哪里存在着风险，他们都一无所知。父母可以采用线上、线下两种方式，给孩子讲解普及身边的危险物，教会他们识别各类危险物和相应的标志。如电源、各类尖锐锋利的器具、化学品、易燃易爆等物品以及对应的警告标识等，告诉他们遇到这类危险物品或标识，一定要保持安全距离。

让孩子有躲避危险物的自救意识和行为

远离各类危险品，会极大减少安全事故的发生。但是当孩子一不小心，遇到危险时，处于危险境地中的他们，又该如何应对呢？

对此，父母要多给孩子讲述自救知识。比如遇到火情，知道要及时拨打火警电话，同时在等待救援的过程中，快速开展自救行动，迅速找到安全出口；找不到时，也可以用湿毛巾堵住嘴，弯腰匍匐前进，尽量躲避火灾发生时烟雾的侵害。

和孩子一起制订计划

你的孩子是不是做事不积极，学习没有方向和目标呢？遇到这种情况，父母应当如何有效科学应对呢？此时，就可以从生活和学习两个方面，和孩子一起制订计划，这样自然就能让他们变得积极、自律起来。

和孩子一起制订计划的必要性

很多家长在教育引导孩子学习成长时，总是费尽心思地劝说，但效果并不佳，孩子依然没有养成勤思好学、主动做事的好习惯，这是为什么呢？

是孩子不够努力吗？当然不是。大多数孩子还是愿意听从家长的指导，让自己自律、自立起来，然而他们往往努力了几天之后，就又会像泄了气的皮球一样，失去了目标和方向，于是在不知不觉中就会松懈下来，回归懒散的状态。

也有一些孩子，虽然非常努力了，但是在学习中总是抓不住重点和要害。最后的结果往往是，他们越是想要做好，却越是做不好，积极性受到严重的打击。

其实，孩子之所以会出现上述情况，很大一部分原因，就在于他们学习和做事时缺乏计划性，没有一个科学有效的计划，从而造成"眉毛胡子一把抓"的混乱局面。

事实证明，一定的计划和规划，对于孩子的学习和生活，有着显著的正面促进作用。

一方面，制订合理的计划，将孩子一天、一周或一个月的任务精细分解，每天做什么，每天学习的进度是什么，都一目了然、清清楚楚，这样就有利于孩子学习目标的实现。

另一方面，制订清晰明确的计划，孩子有了看得见的奋斗目标，才会更有动力，在生活和学习上会变得更加积极主动。越主动越自律，越自律就越能推动孩子的成长进步，进而形成一种良性循环。所有这一切，就是制订计划的必要性体现。

制订计划，需要注意哪些内容

孩子学习和生活计划的制订，能有效地帮助孩子克服惰性，养成自律的好习惯。这里重点来说明一下学习计划的制订。

学习计划的制订，如果仔细区分的话，也可以分为学龄前和学龄中两个部分。对于还未上学的孩子来说，父母可以和他们一起制订阅读、识字计划，设定一个小小的目标，简单明了，易于执行。

对于上了学的孩子来说，学习计划的制订，需要考虑的因素相对多一点，基本有这样几个问题需要引起父母的注意，可以作为和孩子一起制订计划的参考。

首先，在制订学习计划时，要充分结合孩子的具体情况。

每个孩子的情况都不尽相同，学习计划的制订要从孩子的学习实际出发，充分考虑孩子的体质、性格特征、学习的专注力和持久度等，不能超越孩子可以接受的程度。为此，在制订计划时，父母要多和孩子交流沟通，征求他们的意见。

其次，学习计划的制订，不能好高骛远。

有些家长在制订学习计划时，恨不能"一口吃成一个胖子"，往往会给孩子订一个很难达到的学习目标。实际上，这样做完全没必要，目标太高，一旦实现不了，容易打击孩子的自信心，脚踏实地、一步一个脚印才是制订学习计划应遵循的正确原则。

最后，做到劳逸结合，不给孩子太大压力。

孩子的人生发展中，学习并非全部，他们的身体、心理的健康等，也都需要考虑在内。所以在制订计划时，要注重充分保证孩子的休息、娱乐时间，做到劳逸结合，让孩子德智体美劳都能够得到全面的发展。

儿童学习压力大的几种
行为表现

　　成人有工作压力，儿童也有学习压力。当孩子的学习压力较大时，就会严重影响身心健康。对此，父母应当时刻关心孩子的学习压力状况，及时发现孩子的心理隐患，以减轻他们的心理负担。

孩子学习压力大的行为表现

　　孩子入学之后，将要适应新的环境，接受全新的学习任务，进而会产生一定的学习压力。

　　孩子学习压力大不大，心理负担重不重，从他们日常生活中的种种表现中就能够体现出来。

　　当孩子学习任务较重时，食欲就会有所降低。面对精美的菜肴，他们一改往日欣喜的模样，出现食不下咽的情况，草草吃几口就丢下筷子离开了。

当孩子学习压力大时，他们的精神会处于高度紧张的状态中，进而会引发失眠的情况。晚上睡得少、睡不着，清早起来就会是一副萎靡不振的样子。

当孩子学习压力大，情绪会出现较大的波动。比如，一向活泼外向的孩子，突然有一段时间表现出情绪低落、焦躁、消极、易怒等倾向，或者是变得不爱和人说话了，躲在一边发呆等。

子淇是一名小学五年级的学生。这一段时间，她感觉自己学习上有点力不从心，虽然平日里也没少下功夫，不过总体学习成绩却一直悄然下滑，这让子淇内心倍感焦急。

有一次吃饭时，妈妈出于关心，随口问了一句她的学习情况。子淇本就压力重重，突然又被妈妈询问，她的心理防线一下子崩溃了，当场捂着胸口，说心里不舒服，恶心反胃。

父母不明就里，还以为是她吃了不干净的食物，赶忙拉着子淇来到了医院。一番检查后，子淇的身体一切正常。最后在父母的耐心询问下，子淇才说出自己是因为被妈妈问到学习情况，情绪焦虑，才出现这样的生理反应。

当孩子有以上表现时，说明孩子在学习上遇到了问题，有较大的学习压力，这时父母就应当加以重视了。

如何缓解孩子的学习压力

　　孩子的学习情况，一直是家长最为关心的问题。父母"望子成龙""望女成凤"的心情都比较急切，但父母必须明白的是，孩子学习好的前提，是拥有一个好身体和健康的心理。当发现孩子的学习上出现问题，父母应当走近他们、关心他们，并想办法缓解孩子的心理压力。

　　一是给孩子设立合适的学习目标，量力而行。

　　父母盼望孩子学习优秀的心情可以理解，但如果给孩子设立过高的学习目标，孩子完不成、达不到，自信心受挫，自然就会压力山大。

　　正确的做法是，父母要及时去鼓励、安慰孩子，给他们设立适当的学习目标，一步一个台阶，一步一个脚印，在循序渐进的基础上，逐步去提升自我。

　　二是及时做好心理疏导工作。

　　学习压力大，不仅仅是学习上的问题，它还会引发孩子各种心理问题，如果父母不及时疏导的话，一个原本快乐活泼的孩子，就有可能变得郁郁寡欢起来，极大地影响其心理健康。

　　父母在做好心理疏导工作的同时，也可以和孩子携手，共同克服学习过程中遇到的困难和阻碍。有父母的关心、鼓励和引导，相信笑容会重新浮现在孩子的脸上。

不良学习行为矫正

当孩子出现不良的学习行为时怎么办？遇到这种情况，父母也不要着急上火，巧妙应对，加强对孩子不良学习行为的矫正才是关键。

不良的学习行为影响学习成绩

在一些人看来，那些学习成绩不是太理想的孩子，没能取得好的学习效果，是因为和聪明的孩子相比，智商上存在着一定的差异。

显然，这种认识和看法是错误的，对于大多数孩子来说，大家的智商值基本上处于同一个水平线上，彼此之间的差异并不是太明显。而在后天的学习上，之所以会出现高低之分，其中主要的影响因素，其实还在个人的学习行为上。

晓晓就是一个典型的例子。平日里，晓晓是一个非常聪明的孩子，遇事脑筋转得快，"鬼点子"非常多。

然而，令父母发愁的是，晓晓的学习成绩在同班的孩子里面一直处于中下游的水平，如果爸爸妈妈这一段时间督促次数多了，学习情况会好一点；一旦放松了对他的要求，各门功课很快就落下了。

晓晓的爸爸和老师一起分析，最后得出结论，问题就出现在他的学习态度上。比如早上起床上课，晓晓就是磨磨蹭蹭不愿起床，迟到是常事；写作业的时候也是如此，他很难保持较长时间的安静，专注力非常差，不是偷偷玩手机，就是玩文具、开小差，或者是找借口上厕所等。

遇到难题时，晓晓也不肯动脑筋，直接上网查找答案，觉得省时省力。不难看出，晓晓已养成了不良的学习行为，这导致晓晓的学习成绩始终没有大的进步。

孩子产生不良学习行为的原因

孩子为什么会产生逃课、不写作业、不专心听讲等种种不良学习行为？

依据社会学理论分析，儿童的不良行为可以用"越轨"一词概括，之所以会产生"越轨"现象，是因为个体认知与社会规范发生冲突。以儿童的学习行为为例，在如今的社会生活中，父母、老师对孩子有着普遍的要求和期待，即"努力学习、成绩优异"，但孩子未必理解与认同这一要求与期待。在这种强烈的冲突下，孩子可能会产生明显的厌学倾向，或者只是为了应付父母和老师而去学习。

改正孩子的不良学习行为并不难

专注力差、做事拖延，依赖性强，学习态度马虎等，这些都是孩子学习过程中常见的问题。如果孩子在学习上出现了这样的问题，父母又该如何去改变他们的这些不良学习行为呢？

首先，应让孩子发自身心地认同学习的重要性，自动自发地学习。父母平时可以多和孩子谈心，通过向孩子讲述历史名人勤奋读书的故事去向孩子传递学习的重要意义，激发孩子的学习兴趣。

其次，注重培养孩子的专注力。专注力是培养一切良好行为习惯的根本前提，包括学习行为在内也是如此，锻炼孩子的专注力，改变他们磨蹭、拖拉的不良习惯，孩子的学习就会有大的改变。

在专注力的培养上，父母在日常行为上应严格要求孩子，做事情绝不能三心二意。学习上也不例外，既然学习，就要高效率地去学，心无旁骛地投入其中，学累了允许孩子适当休息玩乐。

再次，父母要避免总是否定孩子，要多去鼓励夸奖孩子。孩子做事积极的动力大多数是在肯定的表扬和赞赏中获得的，如果时时处处批评孩子，否定他们的努力和选择，孩子自然就会丧失勇气和信心，在困难面前，也会变得畏首畏尾起来。

因此面对孩子取得的进步，哪怕只是进步了一点点，父母也应当真诚地给予赞扬和夸奖，鼓励他们不要骄傲，再接再厉，在前行的路

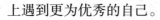

上遇到更为优秀的自己。

　　好习惯的养成，绝非一朝一夕的事情，家长的情绪和应对技巧，决定了孩子日后人生发展的高度。因此，在教育和引导孩子时，家长应从彼此之间亲密的关系出发，去一点点影响孩子，改变他们。

第五章

社交行为：
培养高情商的孩子

　　对于孩子的健康成长和全面发展，父母除了要引导孩子养成良好的行为习惯，关心孩子的学习成绩之外，还要注重培养孩子的社交行为，让孩子拥有高情商。

　　为什么要注重孩子的情商修养呢？这是因为情商是个人综合素养的集中体现。一个拥有高情商的孩子，在人际交往中，为人处世彬彬有礼，接人待物恰到好处，能良好地处理好各类人际关系，这样有助于他们更好、更快地融入社会大集体中去。

　　除此之外，高情商的孩子拥有较强的责任心和上进心，善于调整和控制个人情绪的表达，能够妥善地处理理想和现实之间的落差。在人生未来发展上，他们会更加从容自信，昂扬向上，打开成功的大门。

高情商的积极社交，让儿童受益一生

为什么有的孩子性格乐观活泼，自信阳光，勇于和身边人快乐交往呢？其中的原因就在于，这些孩子具备高情商，他们通过积极的社交，为自己的人生打开了一扇明亮的窗。

如鱼得水的高情商社交

情商是什么呢？简单理解，情商是个人良好情绪控制的外在体现，也是能够较好感知他人情绪的高素质修养，更是拥有和谐人际关系的智慧。

对于孩子而言，当他们拥有了高情商后，在社交场合，自然就更容易如鱼得水。

楚楚是一名十岁的孩子，在周围人的眼中，楚楚是一个乖巧懂事的好女孩。家里来了客人，楚楚会主动地上前问候打招呼，特别懂礼貌。有时爸爸或妈妈忙着给客人做饭，无暇照顾客人时，楚楚就会充当"小主人"的角色，领着客人参观她的小书房，总有说不完的话，气氛烘托得也非常到位。

学校里，楚楚也是老师得力的小助手。每次班级集体活动，楚楚就会自告奋勇，忙前忙后服务同学，尽量减轻老师身上的担子。正因如此，热心助人、性格开朗的楚楚，成了大家眼中人人都喜欢的"小可爱"。

显然，案例中的楚楚，就是一个拥有高情商的女孩子。她外向的性格，积极主动的社交行为，良好的素质修养，使得她拥有了和谐的人际关系。

从儿童社会学角度分析，拥有高情商的孩子会受益终身。在高情商的加持下，他们信心百倍，具有强大的耐挫意志，无论面对生活、学习还是社交活动，都能够做到游刃有余、从容不迫。即使将来他们步入社会，也能够很快胜任棘手的工作和处理复杂的人际关系，成为一个深受同事和朋友欢迎的人。

相反，如果孩子情商低，则很容易在社会交往中受到打击，严重影响其社会化进程，乃至呈现"迟滞型社会化"（主要表现为儿童心理脆弱、社交能力差等）倾向，这将严重影响到孩子的身心健康发展。正因如此，父母要注重培养孩子的情商，帮助孩子成长为更阳光、自信的人。

培养孩子的高情商，让他们成为"社交达人"

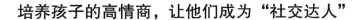

没有人天生就具有高情商，大多是通过后天的教育培养形成的。那么在生活中，父母该如何去挖掘、培养孩子的高情商呢？

让孩子拥有强大的自控力

仔细观察身边高情商的孩子，他们往往可以很好地掌控自我的情绪。遇到不开心的事情时，他们能够保持冷静，不去激化矛盾，采取"以柔克刚"的方式，巧妙地妥善处理；在受到委屈时，他们也会笑着面对，不把一时的荣辱得失放在心头，相信一切都会过去。可见，强大的自控力，是孩子具备高情商的必要基础。

对于父母来说，平时要加强对孩子自控力的训练。比如，父母可以与孩子开展情境游戏，在游戏中，父母和孩子互动沟通，让孩子了解自己在情境中情绪失控的原因，并告诉孩子控制情绪的方式，进而有目的地去锻炼孩子的自我控制意识，让孩子能够更好地与人交往。

不过，父母还需要让孩子知道，强调自控力，并不是说不让孩子有情绪表达的自由，他们完全可以通过恰当的方式来宣泄不良的情绪。

培养孩子的共情力和同理心

共情力和同理心，也是孩子拥有高情商不可或缺的素养。拥有共情力和同理心的具体表现是，在社交场合，孩子和他人交往时，懂得换位思考，能够理解和同情他人的处境和感受。

在日常生活中，父母也要注重去培养孩子的共情力以及同理心，比如告诉孩子，和人交谈时，不随意打断别人讲话，懂得尊重对方；看到他人处于危难时，力所能及的情况下主动伸出援助之手，帮对方一把。

培养孩子的表达力

良好的表达力，是孩子高情商构成要素中重要的一项。表达流利清晰，说话时有分寸、有技巧，常常赞美别人，这样的孩子，自然处处讨人喜欢。

培养孩子的表达能力，一方面，父母要给孩子提供可以宽松表达的语言环境，让孩子敢说、会说；另一方面，父母对于孩子的表达，要给予积极的回应，当孩子感受到被重视的时候，就能更加积极地去表达。

学会分享，懂得感恩

学会分享，懂得感恩，也是孩子高情商的体现。父母应从改正孩子自私自利的行为入手，逐步培养他们的分享理念和感恩心态。

你家的孩子懂得分享和感恩吗

豪豪是一个六岁的小男孩，长辈的宠爱，让他养成了霸道自私的行为习惯。

有客人来家里玩，如果带来其他小朋友，豪豪的脸上就会表现出不欢迎的神色，眼睛一直盯着对方的一举一动，生怕自己心爱的玩具被对方拿去玩。

爸爸为此说过他很多次了，说他这样太不礼貌了，豪豪却从来没有放在心上，依然我行我素。

有一次，爸爸的一位同事带着儿子来豪豪家做客，两人玩耍时，为了一件玩具争执起来，无论父母怎么劝说，豪豪就是不撒手，不允许对方"抢走"自己的心爱之物，气氛一度非常尴尬。最后这位朋友也觉得不好意思，只好找了一个借口，带着儿子匆匆告辞。

如果说豪豪不爱和小朋友分享玩具也就罢了，生活中的他，还是一个不懂得感恩的孩子。

有一次，妈妈的身体有些不舒服，她看到豪豪一个人在玩，就想让他给自己端杯水。

谁知豪豪听了，却不以为然地说："妈妈，你没看到我正在忙吗？不急，等一会儿再说。"豪豪的话语让妈妈很无奈，平日里多么疼爱他，现在自己身体不舒服，儿子竟然没有一丁点儿关心的意思。

显然，案例中的豪豪，就是一个不懂分享、不知道感恩的孩子。现实生活中，这样的孩子还有很多，他们一切以自我为中心，自私自利，只知道占有和索取，却从不会奉献和感恩。在社交场合，他们就是典型的低情商代表。

让孩子学会分享和感恩并不难

孩子不愿分享，不懂感恩，很多时候是父母忽视教育引导的结果。由于溺爱孩子，总想将一切好的都让他们独自享有，渐渐地，就养成了孩子自私自利的性格。因此，父母应当改变以往养育孩子的错误理念，教育孩子学会分享和感恩，平日里有好吃的、好玩的，要让孩子和家人一起分享，不能一个人享用，从细微处让他们习惯分享。

首先，言传不如身教。孩子最初就是一张"素色白纸"，父母要从言语和行动两个方面去影响和引导孩子，让他们在潜移默化中学会分享、懂得感恩。比如，父母在生活中要孝敬自己的父母，要敬爱其他老人，耳濡目染，孩子也会学着做父母做的事情。

其次是多教导孩子说"谢谢"。要让孩子主动说"谢谢"，父母首先要对孩子主动说"谢谢"。比如让孩子帮忙拿一些东西，或者一起做家务后，父母要及时对孩子说一声"谢谢"，感谢孩子的辛苦付出。

之后，要教导孩子说"谢谢"。当孩子得到别人的帮助时，父母要引导孩子像父母对待他们那样，真诚地说一声"谢谢"。这种行为习惯看似微不足道，但对培养孩子的感恩心理有着巨大的影响和促进作用。

最后是多给孩子灌输一些分享的理念，开展多种形式的感恩教育。比如父母要多教导孩子，让他们明白付出才能收获快乐，越分享才会越快乐。想要有很多的小朋友一起玩，就要从学会分享开始，这样才能收获友情。

除此之外，在分享和感恩教育方面，父母可以借助绘本、音频故事等方式，给孩子讲述感恩的道理；也可以有意识地锻炼孩子，如让孩子参加家务劳动等，让孩子设身处地地体会到爸爸妈妈的艰辛，这时感恩的种子自然就能在他们的内心深处生根发芽了。

遵守秩序，排好队

在公共场合，教导孩子遵守秩序，排好队，不仅是懂得社交礼仪的一种体现，同时也有利于孩子树立起规则意识，让他们逐步养成遵守规则的良好行为习惯。

让孩子有遵守公共秩序的思想意识

在公共场合，遵守公共秩序，是个人公共道德的良好表现。对于孩子来说，他们应该在父母的教导下，懂得遵守社会公共秩序，做一个人见人爱的乖孩子。

梭梭是一个遵守公共秩序的乖孩子。不过以前的他，却不是这个样子，以前他的脑海里根本就没有遵守秩序的意识。

有一次，他和妈妈一起上街。炎炎夏日，梭梭感到口渴了，想要吃冰激凌。正好前面不远处有售卖冰激凌的摊点，为了锻炼梭梭，妈妈就给了他一点零钱，让他自己去购买。

谁知一转眼的工夫，梭梭就举着冰激凌跑了回来。妈妈感到非常奇怪，她明明记得排队购买冰激凌的有好几个人，按照时间计算，梭梭不应该这么快速度买到手啊，这是什么原因呢？

当妈妈询问梭梭时，梭梭一脸"骄傲"地自夸说："妈妈，我可聪明了，前面好几个人排队，我可等不及，正好个子低，于是就趁人不注意，钻到了最前面，这样第一个就买到了冰激凌。"

梭梭原以为妈妈听了后会夸奖他，谁知妈妈却一脸严肃地教导他说："你做错了事情还沾沾自喜呢！不守规矩很不好，可不是一个乖孩子该做的事情。"

妈妈的一席话，使得梭梭意识到了自己的错误，羞愧地红着脸向妈妈承认自己的不对。这件事情以后，梭梭很注意遵守公共秩序。有一次幼儿园里组织活动，给孩子们分发食物饮料。一开始，队伍乱糟糟的，梭梭看到后，主动站出来，帮助老师维持秩序，食物饮料也很快按照顺序发了下来，他的举动受到了老师的夸奖，夸他是一个集体活动的"组织小能手"。

遵守秩序排好队，让孩子树立规则意识

梭梭的故事告诉我们，让孩子树立遵守公共秩序的思想意识，是锻炼和提升孩子社交能力的重要因素。一个有公德意识的孩子，生活中自然也处处受人喜欢，也能够从同龄人中脱颖而出，成为一个拥有

较强组织能力的高情商社交"达人"。

生活中，父母要告诉孩子应当懂得遵守公共秩序。比如，在需要排队的场合，要自觉排好队；在过马路时，要学会看红绿灯，红灯停，绿灯行，这是最基本的交通规则，一定要严格遵守；在公园里玩耍时，也要有公德意识，如公园里的椅子，是让人们坐着休息的，不能在上面踩来踩去。

遵守公共秩序，不仅是有规则意识的表现，更是孩子高情商社交行为的重要体现。当孩子心里有了规则意识后，他们才能有效地约束自我的行为，行为举止变得优雅得体起来。

父母不要以孩子天性好动、孩子还小为借口，而忽略对孩子规则意识的培养。一旦疏忽了，就会让孩子养成散漫自私的性格，动不动就去破坏规则。

珍惜物品，不攀比

奢侈浪费和严重的攀比心理，也是孩子成长过程中常遇到的问题。生活中，有些孩子不知道珍惜物品，加上他们有着较强的虚荣心，处处和同龄的孩子攀比吃喝穿戴，让父母大伤脑筋。

对于孩子的浪费、攀比现象，父母要帮助孩子树立正确的人生观，及时制止他们这种浪费攀比行为。

爱浪费、爱攀比的孩子的心理成因分析

这一段时间，思思没少挨父母的批评。原来随着年龄的增长，思思不仅喜欢浪费，还变得爱慕虚荣起来，动不动就和身边的小朋友们相互攀比。

思思有很多玩具，但是新玩具买来后，旧玩具就成了"碍事"的存在，一不高兴，拿起来就摔坏了，或者是随手丢掉，然后让大人再

给她买新的。

妈妈看到后，就经常劝说思思，说这些玩具刚买来没多长时间，样子还都是崭新的，也花了不少钱，怎么能说扔就扔呢？

虽然劝说次数不少，思思却充耳不闻，不爱玩的玩具，自认为样式不流行的衣服，说丢掉就丢掉，一点儿也不懂得珍惜。

除此之外，思思还非常爱慕虚荣，热衷攀比。比如邻居家的小孩买了一款新头饰，思思看见了，也要求爸爸妈妈必须给她买，不然就大哭大闹；学校里，同桌手腕上多了一块电子表，思思一看，回家就让父母给她买一个更好的，非要超过同桌的不可。

父母十分无奈，买头饰还说得过去，但电子表思思都有好几块了，她却以样式不好看为理由，闹着让家长给她再买新的。

生活中，类似思思这样的孩子有很多。爱慕虚荣、热衷攀比的孩子不懂得珍惜物品，只要心理上能够得到满足，其他事情都不在他们的考虑范围之内。

那么，这些孩子为什么有着强烈的浪费和攀比心理呢？主要的原因有两个，一个是父母的溺爱和骄纵，让孩子不懂得珍惜；另一个是争强好胜的心思没有用到正确的地方，不是用来比学习、比上进，而是在物质层面和其他人"一较高低"。

如何让孩子不再浪费和攀比

对于生活中那些爱浪费、爱虚荣、爱攀比的孩子，父母应及时出手制止和引导，不能任由其"野蛮生长"，否则将会扭曲孩子的价值观，毁掉他们美好的未来。因此，当察觉到孩子有浪费行为和攀比心理时，父母不妨这样去做。

不要无条件地去满足孩子的一切

父母对孩子的爱，是无私的，为了能够让孩子健康快乐地成长，他们也愿意奉献一切。但为人父母还应清醒地知道的是，爱孩子没错，但不能溺爱，不能无条件地满足孩子的所有要求，要有一定的原则和底线。

孩子确实需要的，父母不吝啬，全力支持；孩子不正当、不合理的物质需求，父母完全可以理直气壮地拒绝，从根源上杜绝孩子产生浪费和攀比的心理。

让孩子树立正确的人生观和价值观

正确的人生观、价值观，对于孩子的人生成长，起着正面积极的导向作用。在日常生活中，父母和孩子相处，要教导他们多和同龄的孩子比学习、比刻苦、比上进，而不是比吃喝、比穿戴、比享受。

当孩子有了正确的人生观和价值观之后，就会明白一粥一饭来之不易，就会知道什么是对的和错的，心里面有了是非对错的正确判断后，他们自然就会摒弃浪费的不良习惯，远离那些不切实际的虚荣攀比心理，变得勤奋努力、自律自信起来。

发现孩子对异性的好奇

好奇心，是孩子学习成长的原动力。他们对外部世界和大自然的认知，正是从好奇心开始的，这才有了进一步发现、探索、求知的欲望。对于孩子的好奇心，父母应当热情充当他们的"好老师"，为孩子答疑解惑。但如果遇到孩子对异性好奇的情况，很多父母却又羞于启齿，感到束手无策。其实大可不必慌张，正视问题才是解决问题的关键。

孩子为什么会对异性产生好奇心理

两性教育，也是孩子家庭教育的重要方面。在这方面如果能够教育引导好孩子，对于他们的身心健康成长，会起到积极的作用。

有些父母会问，为什么需要对孩子进行两性教育呢？其实，这是由孩子的成长发育和好奇心理两个方面决定的。一般情况下，一岁左右的孩子，就能够通过头发的长短来大致分辨他们眼中男女的性别。等到他们长到两三岁的时候，就知道自己是男孩还是女孩，思维上就有了初步的男女意识。

当孩子再稍微大一些，他们就会随着自身生理的发展，自然而然地对异性产生一定的好奇心理，希望能够弄清楚异性和自己相比，究竟存在着哪些方面的不同。正是受这种心理的驱使，他们会常常做出一些令人啼笑皆非的事情来。

凡凡一放学，就飞快地扑进妈妈的怀里，一脸委屈的模样。

"怎么了儿子，是不是在学校里遇到不开心的事了？"回家的路上，妈妈问起儿子不高兴的原因。

"妈妈，就是玲玲惹我不高兴了，她说我是坏孩子。"凡凡用稚嫩的声音回答说。

"怎么是坏孩子了？快说给妈妈听听。"

"今天课间操，我感觉玲玲的裙子很好看，可是只有女孩子穿裙子，男孩子却没有。我感觉很好奇，所以就碰了一下她的裙子……"凡凡红着脸小声说道。

"是不是想看看女孩子的裙子是什么材料做成的，为什么这么好看，对不对？如果是这样，你不是一个坏孩子，只是对异性的穿戴好奇而已。不过这样做不礼貌，以后要改正，懂了吗？"

妈妈暖心的安慰，让凡凡轻轻地舒了一口气，心里沉甸甸的"坏孩子"的负担也消失不见了。

别担心孩子对异性的好奇，正确引导是关键

案例中的凡凡，就是一个对异性产生好奇心理的例子。生活中类似这样的现象，在孩子身上非常常见。当父母察觉到孩子的心理变化过程时，该如何去做呢？

✿尽早给孩子开展两性教育

有一些父母认为孩子年龄还小，什么都不懂，没必要给他们开展两性教育。显然，这种认识是错误的，当孩子有了性别意识，对异性产生好奇时，恰恰正是对他们开展两性教育的最佳时机。

通过两性教育，父母可以多给孩子普及"男女有别"的小知识，引导孩子正确认识自己、认识异性；和异性交往时，做到大大方方。

父母还应告诉孩子，当身体出现了一些生理变化时，也不要惊慌失措，这是正常生理发育的结果，应该坦然面对并和父母沟通。

✿面对孩子提出的两性问题，不回避，不拒绝

孩子天真烂漫，当他们对异性产生好奇时，做出的举动、提出的问题，可能让人忍俊不禁，哭笑不得。对于孩子的这些表现，父母不要回避，也不要有任何的拒绝行为，而是应以孩子理解的方式，给予他们正确的教育引导，促进孩子身心健康发展。

会照顾人的小大人

有些孩子特别会照顾人，他们明白爸爸妈妈的辛苦，也总是力所能及地去做一些事情，像个小大人一样，分担父母肩上的重担。而这，正是孩子富有同理心的体现。

家里面有个知冷知热的"小棉袄""小暖男"

同理心是什么呢？具有同理心的人，能够很好地感知他人的情绪和感受，懂得换位思考，在这个基础上，做到理解、包容和关怀他人。

富有同理心的孩子，他们会像贴心的"小棉袄"和知冷知热的"小暖男"一样，体谅父母，关心父母。在为人处世上，会表现出理解和谦让的优秀品质，处处被人喜爱。

提到乖巧懂事的阳阳，周围的邻居都对他夸赞不已。

阳阳家有四口人，除了他和爸爸妈妈，还有年迈的奶奶和他们生活在一起。

奶奶身体不好，做不了多少家务，爸爸妈妈也每天忙于工作。阳阳为了减轻父母的负担，主动承担起了照顾奶奶的一大部分任务。

一放学，当别人家的孩子还在外面玩耍时，阳阳就已经回到家里，做饭、打扫卫生，把家里面收拾得干干净净。

等到父母下班回家时，阳阳已经伺候奶奶吃过了晚饭。饭桌上，热腾腾的饭菜也早就摆好了，阳阳则坐在一边安静地读书学习。

爸爸妈妈看在眼里，也非常欣慰，一天的劳累也一扫而空。当很多同龄的孩子还在父母跟前撒娇的时候，阳阳已经变得像个小大人一样，为大人分担了很多照顾家庭的责任。

性情善良，会照顾人，清楚什么事情应该做，什么事情不能做，生活中还有一些和阳阳一样富有同理心的孩子，总是能够力所能及地帮助大人分担家务，还能分出精力去照顾爷爷奶奶或者是弟弟妹妹，懂事得让人又爱又疼。

如何培养孩子的同理心

同理心，是孩子身上最为优秀的品质之一。因为同理心的作用，孩子会逐渐成长为一个温暖有爱的人，在未来人生发展上，更能行稳致远。所以，在日常家庭教育上，父母应注重培养孩子的同理心。

❀ 爱孩子，关心孩子

爱和关心是相互的，得到爱，才懂得付出爱、传递爱。生活中那些缺少同理心的孩子，很多是因为在他们成长过程中，没有获得来自父母的爱和回应。

因此，和孩子相处时，父母应做到温柔以待，不轻易去责备、呵斥孩子，尽量避免"语言暴力"。

当然，父母也不要溺爱孩子。过分宠爱孩子，会让他们以自我为中心，一旦养成自私的习惯，也会缺乏同理心。

❀ 让孩子懂得理解他人，同情他人，有一颗温暖的心

培养孩子的同理心要让孩子理解他人，同情他人，有一颗温暖的心。关于这方面的引导，父母要做的就是以身作则。在日常生活中，当他人遇到难处时，父母要及时施以援手，即使有时限于客观条件等原因，帮不上什么忙，但也要对他们的遭遇报以同情。

在这种以身作则的教育理念的引导下，孩子自然也能学会同情别人，会变得温暖、有爱心，充分体谅对方的难处，拥有富有同理心的优秀品质。

教孩子认识和保护身体的
"红灯部位"

在对个人生理发育变化的认知上，大多数孩子都是懵懂无知的。想要保护好身边这些"可爱的小天使"，父母就要教导孩子有自我保护的防范意识，注重对隐私部位的防护。

孩子身体上的"红灯部位"都有哪些

生活中，孩子因为不懂得或是不注重隐私部位的防护，会被那些别有用心的人乘虚而入，所以给孩子科普相关的生理知识，自然成了不容父母轻视的问题。

当然，父母在教授孩子认识身体的隐私部位时，需要注意的是用语上的规范，既能让孩子听得懂，又能够有效避免双方交流时的尴尬。将孩子身上的隐私部位，分别用"红灯""黄灯""绿灯"来比喻，是非常贴切的做法。

孩子身上的"红灯部位"都有哪些呢？父母应当告诉孩子的是，只有自己或亲密的家人才能碰触的地方，是他们身上的敏感区，也就是所谓的"红灯部位"。如果孩子还不能很好理解的话，父母可以拿来泳装图，告诉他们凡是泳装遮盖的地方，都属于"红灯部位"。

孩子身上的"黄灯部位"，虽然敏感度比"红灯部位"弱一些，但也只能是身边亲近或熟悉的人才能够碰触。比如脖子、脸蛋、额头等。

孩子身上的"绿灯部位"，指的是大家都可以碰触的地方。比如见面时握手，或者是和小朋友一起挽着臂膀玩耍，这些地方就是"绿灯部位"了。

教孩子学会保护自身的"红灯部位"

当孩子懂得了身体上的敏感区之后，父母还应进一步去教导他们学会保护自身的"红灯部位"，不让坏人侵害自己。

❀ 敢于说"不"

父母应告知孩子，当感觉自己的隐私部位被碰触或冒犯，心里产生不舒服的感觉时，不管对方是否有意这样去做，都要勇敢地向对方说"不"。如果对方置若罔闻，可以直接站起来选择走开，远离对方。

但有些孩子，性情懦弱，隐私部位被冒犯后，羞于启齿说"不"，这会让对方得寸进尺，自己受到更大的侵害。因此，父母在教育孩子时，应当旗帜鲜明地告诉他们，任何时候都要有勇气说"不"，不给对方哪怕是一丁点儿的机会。

🌱 勇于反抗，及时告知父母或师长

孩子保护自身的隐私部位，也有一定的策略。要让孩子知道，当父母、师长不在身边时，应该第一时间远离对方，跑到安全的地方。

如果父母等亲近的人在身边的话，孩子可以勇敢站出来，第一时间告知父母，由爸爸妈妈出面制止对方，绝不让对方有再次得逞的可能。

🌱 懂得保护自己，也要懂得尊重别人的隐私

在隐私部位保护的教育引导上，父母还要进一步清晰地告诉孩子，不仅要学会保护自己的"红灯部位"，也要懂得尊重其他人的隐私，不要去随意碰触其他人的"红灯部位"。

培养儿童的安全意识，
远离陌生人

孩子贪玩好奇的心性，决定了他们很容易被新奇的事物吸引，一旦有不良企图的人利用了孩子的这一特点，以物质诱惑或是花言巧语去哄骗孩子，就有可能对他们的人身安全带来危害。树立安全意识，远离陌生人，是父母应该给孩子上的重要一课。

轻信陌生人是发生危险的重要原因

在孩子的眼中，外部的世界是纯真、美好的，身边的人都值得信任。出于这样的心理认知，大多数孩子很容易相信陌生人，轻易被他们的谎言欺骗，在不知不觉中，一步步走向了危险的"陷阱"。

在一家幼儿园，老师为了增强孩子们的安全意识，趁着放学的间隙，和家长一起开展了一次特别的安全教育课。当然，这一切的前提，是孩子们都被蒙在鼓里面，一点儿也不知情。

一名家长扮演"陌生人"，向一名叫茜茜的孩子走了过去。

"小姑娘，你认识我吗？"这位家长上前问茜茜说。

茜茜警惕地看了对方一眼，歪着头想了想，然后摇了摇头。

"你忘了？过年的时候，我还去过你家呢！给你带了很多好吃的食物，当时你可开心了，围着我唱呀跳呀！"

"过年吗？"茜茜努力地回忆着。不过由于时间太长了，她的脑海里根本没有对方的印象。不过看着眼前这位"陌生人"说得有模有样，细节也都这么清楚，茜茜有些动摇了，怀疑自己的记忆出了问题。

"你看你想起来了吧？我是小莉阿姨，你妈妈今天临时加班，让我过来接你。等你妈妈下班了，会来找我们的。"

"真的吗？"茜茜已经半信半疑了。

"当然是真的了，你看，你妈妈还特意让我给你带来了棒棒糖，平时你不是非常喜欢棒棒糖吗？阿姨对你的口味记得清清楚楚的。"

这名家长说着，从口袋里掏出了一个棒棒糖，看到茜茜高兴地接了过去，她趁机拉着茜茜的手向门外走去。茜茜稍微迟疑了一下，还是乖乖地跟着对方走了。

整个测试下来，班级里有将近一半的孩子都缺乏必要的安全意识，在"陌生人"花言巧语的欺骗下，加上美食的诱惑，很快就选择了相信对方。看到这一幕，躲在远处暗中观察的爸爸妈妈都不由惊出了一身冷汗。

安全无小事，防范最重要

孩子天真善良，纯净美好，很容易被那些有不良企图的人欺骗。那么，如何增强孩子的安全防范意识呢？

告知孩子不轻易透露个人隐私

很多时候，坏人之所以有机可乘，是因为他们通过种种渠道获得了和孩子有关的个人隐私，如姓名、学习、班级、家庭住址等，他们以此为说辞，就能轻而易举地骗取孩子的信任。

日常生活中，父母要多告诫孩子，在外人面前，要有一定的警惕心理，不轻易说出和个人隐私有关的信息。

家长和孩子约定好"暗号"

不法分子为了哄骗小孩子，最常用的伎俩就是假冒家长的同事、朋友等和孩子套近乎。针对这一点，父母不妨和孩子约定一些"暗号"，以起到识别对方真假的作用。

比如在陌生人面前，孩子可以反问对方自己父母的名字叫什么，联系方式是什么，爸爸妈妈的工作单位在哪里，等等。简简单单的一两个问题，就可能会让对方"原形毕露"，这样就能有效保护自己了。

抵制住诱惑，陌生人的东西一概不碰

为了哄骗孩子，不法分子常常会购买一些新奇的玩具或美味的食

物，以此来引诱孩子，降低他们的警惕心。平日里，父母要时时告诫孩子，面对再精美的玩具、再美味的食物，如果不认识对方，一概不碰。

✿学会反抗，大声喊"我不认识他"

有时候，怀有不良企图的那些人会乘人不备，强行将孩子带走。父母要告诉孩子，遇到这种情况时，如果是在公共场合，孩子完全可以大声高喊呼救，声音越大越好，以引起周围人的注意。心虚的不法分子，最怕被"曝光"，孩子勇敢机智的反抗行为，会让坏人落荒而逃。

不良社交行为矫正

在社交行为上，孩子受个人的年龄、性格以及身边的环境等因素影响，常常会表现出一些不当的社交行为。父母作为孩子人生成长的"引路人"，要及时察觉并想办法纠正孩子不良的人际交往行为。

孩子不良社交行为的表现

积极乐观，勇敢大方，接人待物彬彬有礼、恰到好处，这些都是孩子高情商社交行为的重要体现。那么，孩子的不良社交行为又有哪些呢？

有些孩子性格内向，平日里不爱说话，即使是遇到熟人，最多也只是报以浅浅的微笑。如果在人多的公共场合，他们就会变得害羞、紧张不安起来，躲在父母的身后，紧紧抓住大人的衣角，表现得极度不自信、不大方。显然，不愿和陌生人打交道，不敢在公共场合抛头露面，身上缺少落落大方的气质修养，这一类孩子的举止表现，就是典型的不良社交行为。

和害羞的孩子不同，有这样一类孩子，他们在社交场合，看似活泼主动，实质上他们带有一定的攻击性，很容易和同龄的孩子们闹矛盾，一副得理不饶人的架势。

也有一些孩子，平日里因父母娇生惯养，生活中的他们习惯一切以自我为中心，养成了自私自利的性格，不懂得去分享，和其他小朋友玩不到一块儿去。

事实上，孩子的不良社交行为远不只上面说的这些。更有甚者，一些孩子还会以给其他人起外号为乐，他们为此洋洋得意，沾沾自喜，把自己的快乐建立在别人的痛苦上。

采用恰当的方式来矫正孩子的不良社交行为

当孩子表现出不良社交行为时，父母也不要着急上火，一味地批评他们，这样不仅不会起到太大的作用，有时候反而会适得其反。父母应根据孩子的具体情况，采用恰当的方法来矫正孩子的不良社交行为。

首先，对于性格内向的孩子，要多带他们出去走走，多去接触外面的世界。

孩子性情腼腆害羞，不愿社交，不敢社交，大多数是因为缺乏和外人交往的机会。作为父母，应当充分意识到这一点，在时间和条件都允许的情况下，可以邀请客人多来家里玩，给孩子创造参与社交的空间氛围，也可以多带孩子出去走走看看，多参加一些公共活动，多鼓励孩子去勇敢地融入大集体中，开开心心地和周围的小朋友们玩耍。

其次，当孩子不懂礼貌，在社交行为表现上缺乏一定的修养时，要多培养孩子的社交礼仪。

在社交场合，乖巧可爱、懂礼貌的孩子，更容易被人们所接纳。而那些行为举止粗鲁的孩子，自然会成为大家敬而远之的对象。因此，当发现孩子缺乏礼貌修养时，要多去教导他们相应的社交礼仪知识，告诉他们和小朋友们交往时，应当多说"谢谢"等词语；如果自己犯了错误，伤害了其他孩子，也要及时向对方道歉，主动说一声"对不起"。

最后，当发现孩子喜欢嘲笑、歧视身边的小朋友时，要及时制止并正确教导孩子，教育孩子树立正确的是非观，态度鲜明地告诉他们，任何时候都不能这样做，侮辱他人的人格，是最大的不礼貌，最终是会被小朋友们所孤立的。

第六章

性格行为:

培养内心强大的孩子

　　性格是什么呢？性格是受一定遗传因素的影响，在后天形成的一种生活态度和行为习惯。培根说："性格决定命运。"在人生的发展上，性格在其中起着至关重要的作用，它在很大程度上影响着人们的抗压能力的高低，以及人生方向的选择。

　　对于孩子来说，良好的性格可以让他们拥有积极的生活态度，内心强大，哪怕遇到困难和挫折也能奋勇直前，意志力极其顽强。因此，在孩子的成长过程中，要注重对他们性格的引导，使他们养成良好的性格，助力人生发展。

儿童常见性格特点

性格就像是一支"万花筒"，不同的人有着不同的性格特征。具体到儿童身上，他们的性格也各有不同，并且有着鲜明的特点。

不同的儿童，性格各有不同

观察身边的孩子，会发现这样一个有趣的现象：孩子的性格有各自的特点。比如有些孩子外向开朗，每天都精力旺盛，总是蹦蹦跳跳、吵吵闹闹，活泼调皮是他们日常生活的"主旋律"。

与之相反的是，也有一些孩子，性格文静内敛，平时不爱说话，也很少去主动结交认识新的朋友，不论在什么场合，总是一副安安静静的模样。

显然，不同的孩子，他们的性格特征是不一样的，简单地分析总结，儿童常见的性格有这样几种类型。

表现型性格

表现型性格的孩子，性情热情开朗，热爱生活，在接人待物上，也总是表现出积极主动的姿态，大大方方，爱说爱笑，让人倍感亲切。

这类性格的孩子善于和人沟通交流，社交能力强，反应灵敏，思维活跃。当然，这类孩子的性格也有一些不足，比如太爱表现，越是公共场合越爱出风头，很容易热情过度，做事缺乏必要的耐性。

领导型性格

领导型性格的孩子，性情外向勇敢，做事果断，喜欢人们以他为中心。在一群同龄的孩子里面，这一性格特点的孩子很容易脱颖而出，成为"指挥家"和"孩子王"。

这类性格的孩子，适应能力非常强，个性鲜明，极富创造性，不喜欢被规则束缚。不过他们身上也存在一些不足，比如什么事情都喜欢自己说了算，缺乏规则意识，喜欢按照自己的主见做事。

亲切型性格

亲切型性格的孩子往往比较沉静、内敛，平日里不爱说话，遇事不爱发表意见，喜欢一个人独处。

这类性格的孩子做事认真专注，不容易出错，和人交往时文静平和，常常会拥有较好的人际关系。但因他们太过内向，给人一种孤僻、胆小谨慎的感觉，内心有什么真实的想法，也总是掩藏着不爱说出来。

❀ 思考型性格

思考型性格的孩子，在性情表现上以沉稳、低调为主，拥有强烈的自尊心，遇事勤于思考，做事有自己的想法和主见。

这类性格的孩子思维清晰，做事有条理，爱琢磨，爱探索，对发明创造非常感兴趣。但他们自尊心强，非常爱面子，不轻易接受他人的批评；在为人处世上，也很容易猜忌多疑，遇到不熟悉的人，不爱主动和对方交流沟通。有时候做事方向错了，也要执意做下去，容易钻牛角尖。

儿童性格特点的共性都有哪些

孩子的性格特征虽然不尽相同，有外向活泼的，也有内向沉稳的，千差万别，不过他们的性格特点也存在着很多相同的地方。了解了孩子性格特征的异同，更有助于父母去深入地了解他们，培养他们。

探索欲、求知欲强，这是孩子性格特点的第一个共性。

充满好奇心和探索欲望，是孩子的天性。在他们的眼中，眼前的世界充满着无穷无尽的趣味，因此在探索欲望的内在驱动下，他们对学习表现出浓厚的兴趣，小脑瓜里总是闪现着"十万个为什么"，不停地问这问那，非要刨根问底不可。

喜欢模仿，这是孩子性格特点表现上的第二个共性。

小孩子对身边的事情都感到有趣新奇，大人们的一举一动都被他们看在眼里，然后跟着去效仿，有样学样。因此，良好的家风家教对孩子优良性格的塑造，起到了至关重要的影响和带动作用。

喜欢集体活动，爱融入群体之中，这是孩子性格特点表现上的第三个共性。

大多数孩子都愿意参加集体活动，身边的小朋友越多，他们就越高兴、越兴奋，置身集体中，会让他们爱玩、爱热闹的天性充分得到释放。

可塑性强，这是孩子性格特点上的第四个共性。

孩子在未完全发育成熟的时候，或者性格没有彻底定型之前，他们的性情、思维、为人处世的方式等，都可以通过一定的教育引导来加以改变。

了解了孩子的性格特点后，父母据此可以更好地塑造孩子的性格，让孩子更加积极乐观、富有爱心、具有创造力。

远离"情绪小怪兽"

情绪是人们与生俱来的一种心理体验和感受，具有复杂多变的特点。尤其是儿童，前一秒还是心情舒畅、风和日丽，后一秒就有可能怒气冲冲、阴云密布。他们不能良好地掌控情绪的合理表达，就会在不知不觉中被"情绪小怪兽"牵着鼻子走。

当父母察觉到孩子身上所表现出来的这一现象后，应当第一时间去积极地疏通引导，帮助孩子赶走"情绪小怪兽"。

缺乏情绪自控力的孩子更容易被"情绪小怪兽"牵着鼻子走

不少父母在养育孩子的过程中，都会遇到孩子负面情绪爆发的局面。

比如孩子肚子饿了，期待一道美味的大餐，谁知道妈妈做的美食不合胃口，期望落空，顿时就会撅起小嘴，一脸不开心的样子。

家里来了小朋友，父母没有经过孩子的允许，就把玩具拿出来分给小朋友玩，孩子不高兴，坏脾气立即发作起来，又哭又闹。

姐姐得到了一套全新的学习用具，却没有自己的份儿，心里难受委屈，一整天都和爸爸妈妈冷战……

日常生活中，孩子出现这类坏情绪的现象比比皆是。一旦愿望没有得到满足，或者感觉自身的利益受到了侵犯，在"情绪小怪兽"的操纵下，孩子就会乱发脾气、伤心流泪等。

实际上，人类自身喜怒哀乐的丰富情感，包括各类感情和欲望在内的七情六欲，是"情绪小怪兽"肆意滋生的"温床"。

对于成年人来说，他们在负面情绪爆发时，会有另外一种理智的声音出现，告诉他们"冲动是魔鬼"的道理，警告他们要冷静再冷静，因此大多数成年人在情绪控制上还是比较成功的，能有效克制自我的不满和愤怒。

然而，对于小孩子来说，就是另外一番景象了。他们的脑海里没有管控情绪的意识，情绪自控力也比较差，因此他们不高兴了就会哭闹，愤怒了就会怒目相向，任由情绪这头"小怪兽"横冲直撞，伤害了自己不说，也让家人成为间接的"受害者"。

事实上，孩子的情绪就像是自己"圈养"的小野兽一般，如果能好好地去控制它、约束它，它就会变得温顺可爱，和"主人"和平相处。反过来，如果不加以控制，任由情绪肆意滋长的话，那么情绪就会像脱缰的野兽一般，产生巨大的破坏力，从而让它的"小主人"内心充满了熊熊的怒火，最终失去理智。

　　由此，父母要对孩子开展正面的管教约束，告诉孩子要学会控制情绪，帮助孩子赶跑"情绪小怪兽"，让孩子成为自己情绪的"主人"。

帮孩子赶走"情绪小怪兽"

　　孩子身上的"情绪小怪兽"具有两面性，乖巧时温柔可爱，发作时暴躁狂怒。当孩子的"情绪小怪兽""暴走"时，又该如何去正确引导孩子学会控制自我的不良情绪呢？

　　睿睿妈妈的做法，或许可以给其他父母以借鉴和启示。

　　这天是睿睿的生日。几天前，睿睿就扳着指头算日子，盼望着生日的到来，他还对妈妈说，希望生日那天，能够得到一块大大的草莓蛋糕。

　　可是妈妈去定蛋糕时，店里恰好没有草莓了，没办法妈妈只能换了一种款式。

　　满怀期望的睿睿，看到蛋糕不是他最想要的草莓蛋糕，小脸当时就沉了下来，一脸不开心的样子，默默地躲在一边生闷气。

　　妈妈喊他切蛋糕，连续叫了他好几声，睿睿都装作没听见，小肩膀还一抖一抖的，泪水在眼眶里打转儿。

　　妈妈见状，上前抱住睿睿，关心地问："怎么了孩子，有什么委屈跟妈妈说。"

　　睿睿本来倍感委屈，但妈妈的安慰让他好受了很多，于是他抬起小脸嘟着嘴说道："妈妈，怎么没有我最爱的草莓蛋糕呢？"

"原来是这么回事呀！"妈妈笑了，想了一下回应道，"妈妈也很想给你买，不过今天真的太不巧了，蛋糕店恰巧没有草莓了，才不得不换了另外一种！生日最重要的是快快乐乐，对不对？"

睿睿若有所思，他抬起头望着妈妈，期待她继续说下去。

"妈妈最想知道的是你会为自己许一个什么样的生日愿望？到了下一个生日的时候，你再告诉妈妈实现了没有，好不好？"

妈妈的一席话，让睿睿转怒为喜，不快的负面情绪也很快一扫而空了。

睿睿妈妈的做法很值得称赞。当孩子的"情绪小怪兽"快要彻底爆发时，她没有因为自己心烦意乱而去呵斥孩子，反而以温柔的方式及时疏导，让孩子说出生气的原因，然后引导孩子为自己许愿，并将其约定为成长目标，一步步安慰孩子，让孩子从不良情绪中慢慢地平复下来。

其实，除了上述方法，父母还可以根据具体情况采用其他方法，比如带孩子参加体育运动，在锻炼孩子身体的同时排解孩子的坏情绪，还可以转移孩子的注意力，带着孩子做孩子感兴趣的事情。

孩子的情绪容易波动，父母要多去关注孩子，及时察觉孩子出现情绪问题的原因，并及时安慰疏导，"情绪小怪兽"就少了"兴风作浪"的机会了。

不胆怯，要勇敢

孩子胆小，做事畏首畏尾，这样在社交活动中不仅处于被动的局面，人生成长也会受到影响。而勇敢的孩子性格坚毅，不怕困难，阳光开朗，做事更积极主动。所以，父母要抓住孩子性格塑造的黄金期，逐步引导和培养孩子变得勇敢无畏起来。

孩子为什么胆小怯懦呢

生活中，你身边有没有这样的孩子：看到陌生人，就害怕紧张得不敢上前，全程一直躲在大人的后面，连个招呼都没有勇气去打；遇到自己想要的东西，虽然非常心动，却没有胆量开口，担心被拒绝；老师上课提问，被点名后，明明知道这道题的答案，却害怕说错了被同学们嘲笑，支支吾吾地说不出口；不敢一个人去处理事情，担心自己做不好；一到天黑，就哪里也不敢去，害怕黑暗。

类似的例子还有很多很多。这些孩子的身上有一个共同点：他们都胆小怯懦，缺乏必要的勇气和自信心。在他们的内心深处，感觉什么事情都做不好，遇到问题就害怕，事事都要依赖父母帮忙。

有的孩子勇敢无畏，有的孩子胆小怯懦，为什么他们会有这样的差异呢？孩子性格胆小，不外乎下面几个原因。

一是社交面较窄，平日里父母长辈或忙于工作，或者是担心孩子的安全问题，出于保护的心理，很少带他们参加社交活动。在这种情况下，孩子们整天面对的是家里的几张熟面孔，遇到陌生人就紧张，渐渐变得自我封闭起来，不敢和他人接触和交流。

二是父母"批评式教育"的结果。不管孩子做什么事情，父母只要看着不顺眼，张嘴就是呵斥责备。有时哪怕只是犯了很小的一个错误，也会招来父母的严厉批评，时间长了，孩子的自尊心受到了严重的打击，进而就会变得自卑胆小起来。

二是缺乏必要的锻炼。父母疼爱孩子的心情可以理解，但生活中他们以"爱孩子"的名义，恨不得替孩子包办一切，什么事情都不让孩子去独自完成。舍不得锻炼孩子，只会让孩子成为温室里的花朵，遇见困难就逃避，丧失了宝贵的勇气和信心。

抓住孩子性格塑造的黄金期，让他们变得勇敢起来

孩子在未来人生的成长过程中，需要坚强的意志、无畏的勇气和强大的信心，才能在前行的道路上越走越稳、越走越远，因此父母必

须要让孩子变得勇敢起来。

三到六岁正是孩子性格塑造的黄金阶段，一旦错过了这个难得的黄金期，以后再去矫正就非常困难了。在具体教育培养上，可以尝试采用以下几种方法。

敢于放手，让孩子去做他们力所能及的事情

关于独立勇敢的优秀品格的培养，后天的锻炼培养起着关键的作用。日常生活中，父母应当有意识地让孩子去做一些他们力所能及的事情，遇到问题时，可以让他们独立去面对。

比如，在孩子小的时候，就可以适当放手，吃饭、穿衣等孩子可以自己独立完成的事情，不仅要让他们学着做，还要鼓励他们积极主动地去做，以增强孩子的自理能力。

当孩子长大一些，可以让他们帮助父母承担更多的家务劳动。通过生活上的种种磨炼，培养孩子勇敢做事的特质。

多去户外走走，多带孩子们参加体育运动

参与跑步、乒乓球、游泳、爬山、室内攀岩等户外活动和体育运动项目，对锻炼、提升孩子的意志力和勇敢精神，有着显著的效果。

所以当孩子长到四岁左右的时候，父母就要多抽出时间，陪孩子参加户外运动或一些体育运动项目，这样亲自参加锻炼运动，比单纯的说教效果要好很多。尤其是男孩子，他们的阳刚之气和强大的自信心，都能从体育运动锻炼中得到很好的培养与塑造。

多鼓励，少批评

越欣赏，越赞扬，孩子就越自信、越勇敢。当孩子犯了错误时，一些父母动不动就去责备他们，这样会让孩子失去试错的勇气。

还有些父母一生气，就会用言语去威胁孩子："你再这样，我就不要你了。"这类话语说得多了，孩子也会变得胆小怕事起来。所以，鼓励胜过批评，赞扬胜过恐吓，改变教育的方式，孩子自然会变得勇敢和优秀。

引导孩子自己解决问题

生活中有很多孩子一遇到事情就退缩，无法自己解决问题，只能依靠父母去处理，这也让很多父母感到无奈。遇到问题，孩子不会或不愿去解决问题怎么办呢？此时，父母应多鼓励孩子，放手让孩子勇敢地去做，只有这样才能自立强大，在遇到困难和挑战时才能有勇气和信心去克服。

父母不要做孩子的"消防员"

自己的事情自己做，这是教育引导孩子独立成长的一条重要法则。然而在现实生活中，有为数不少的父母对这条育儿法则选择了忽视和忘记，他们事事处处"越俎代庖"，冲锋在前，甘愿充当孩子的"救火队长"和"消防员"。

果果的妈妈就是这样的一个例子。心疼孩子的她，几乎什么事情都不愿让孩子独立去完成，遇到问题，也是由她出面帮孩子解决。

果果的鞋带开了，果果刚要自己去试着系好，妈妈看到了，就第一时间赶来制止说："孩子别动，让妈妈来，你肯定系不好！"

学校布置课外小作业，让每一个孩子交上一盆自己亲手种植的绿植。学校的本意是希望通过这样的活动，培养和锻炼孩子动手、动脑的能力。果果妈妈却担心孩子做不好，于是自己代劳，半个月后，她将自己代替孩子养好的"绿植"给交了上去。

果果妈妈一直认为孩子还小，一切事情由父母负责就好了，至于什么解决问题能力的培养，等到孩子长大了，自然就"无师自通"了。然而一件事情的发生，改变了果果妈妈固有的错误认知。

有一天，妈妈去学校接果果放学，一见面，果果就哭着对妈妈诉说道："妈妈，今天我都快要渴死了，一口水都没喝。"

"你的水杯呢？"果果妈妈奇怪地问。

"找不到了，不知道是丢了还是被其他小朋友拿错了。"果果振振有词地回答说。

"杯子上不是贴有你的名字吗？找一找不就可以了？"妈妈提醒果果道。

"我才不找呢，太费事！要不明天上学，你帮我找一找，我知道妈妈无所不能，肯定能找得到。"让妈妈帮忙寻找，果果一副理所当然的样子。

但是孩子的话语，让妈妈哭笑不得。这么简单的一件事情，还要等她去解决，这孩子也太让人操心了，想到以前自己替果果包办一切的做法，妈妈终于感到有些后悔了。孩子在慢慢长大，她这个"救火队长"，难道能当一辈子吗？

智慧父母懂得引导孩子学会独立解决问题

　　在孩子的成长道路上，父母绝不能扮演"消防员"的角色。正确的做法是，在遇到问题时，让孩子学会独自面对、独立解决，逐步引导和培养孩子处理问题的技巧和能力，这才是父母送给孩子最好的"礼物"和"财富"。

　　具体而言，当孩子遇到问题时，父母又该如何引导他们去想办法解决呢？

　　当孩子遇到了问题，父母可以鼓励孩子积极地开动脑筋想办法，当孩子有了一定的思路后，鼓励孩子勇敢地尝试。如果孩子完全可以胜任，能够独立去解决，父母就可以放手让他们大胆地去做。

　　如果孩子在尝试过程中，感觉有一些困难难以克服，父母可以适当地伸出援手，不过也仅此而已，更多的还是要依靠孩子想办法去完成。等到他们完成之后，父母及时地给予赞扬和肯定，培养孩子面对困难时独立解决的勇气和信心。

　　小男孩和爸爸一起去户外爬山。两人走着走着，看到前面不远处有一条小溪。

　　小溪有一定的宽度，如果是大人的话，助跑几步，或许可以跳得过去，但是小孩子做不到，如何平安地跨过这条小溪，成了摆在两人面前的难题。

"怎么办儿子，你能想出好办法吗？爸爸知道你是一个机智的孩子，一定会有好的解决办法的。"爸爸一面激励孩子，一面故意试探他。

"绕路太远了，让我想一想，我觉得我会想出好办法的。"小男孩信心百倍地回答着。说完之后，他左看右看，努力地开动脑筋。

"有了！爸爸，咱们搬几块石板就行了，不过我一个人搬不动，需要你帮我一把。"小男孩说着，在附近找到了几块平整的小石板，在爸爸的协助下，算准距离，扔到了小溪里，最后父子两人终于安安全全来到了对岸。

引导孩子自己动脑动手解决问题，就要让他们勇敢地去尝试，去经历考验和磨难，这样他们才会真正地成长、成熟起来。

带领孩子体验成功与失败

有一句古语说得非常好："胜败乃兵家常事。"在人生的旅途中，每一个人都会经历成功和失败，但无论是输是赢，都是个体成长过程中一个难得的体验和收获，更是宝贵的经验和财富。

对于孩子来说更是如此，他们的人生才刚刚展开美好的画卷，成功了不得意，失败了不气馁，保持平常心最为重要。

而作为孩子的父母，也应当始终以欣赏的目光去看待孩子，既要让孩子品尝到成功的喜悦，增强他们的自信心；也要让他们体验失败和挫折的滋味，去充分认识自身的短处和不足，从而不断地完善自我、提升自我。

让孩子品尝成功的滋味

怎样能让孩子拥有强大的自信心呢？无疑，成功，是一剂最好的

"心灵良药"，能让孩子精神振作，保持昂扬向上的奋斗劲头。

品尝到成功滋味的孩子，身心会充满无穷的奋进动力，这对他们的学习、成长都会产生积极的影响；同时他们内在的竞争意识和巨大潜力也会得到进一步的激发，从而自我勉励、自我激励，促使自己百尺竿头，更进一步。

反观那些体验不到成功滋味的孩子，自卑、消极，情绪低落，学习、生活中也总是一副萎靡不振的模样。越消沉，越落后，越落后，越灰心，破罐子破摔的他们，在失败无能的心理阴影暗示下，不知不觉中便会陷入越来越懈怠、越来越退步的恶性循环中。

所以说，成功是每个孩子的心理诉求。那么，对于孩子而言，成功的标准是什么呢？

也许在一些父母眼中，成功就是取得优异的学习成绩，在班级里"争第一"，被同学们当作励志榜样，成为"排头兵"，或者是顺利升入重点中学，在学习的道路上一路高歌猛进，做到这些，才算是成功。

显然，这样去定义成功，就显得有些狭隘了。真正意义上的成功，是指自身所取得的进步和变化，哪怕只是一点点，也是一种了不起的前进。

比如孩子性情腼腆，在班上的讨论课上，不敢积极发言，后来在老师、同学们的鼓励下，能够在大家的注视下勇敢地讲话发言了，这就是成功。

有的孩子以前学习劲头儿不足，有些懒惰拖延，父母给他们加油鼓劲儿后，对待学习变得主动认真起来，这种令人欣喜的进步，也是一种成功。

还有的孩子从不爱参加体育运动，到喜爱上跳绳、跑步等运动，通过运动锻炼，增强了体质，这还是一种成功。

由此可见，成功的定义非常宽泛，只要是进步，只要能表现出努力上进的精神气度，都可以视作是一种成功。

孩子都喜欢被肯定、被欣赏、被赞扬，在他们的内心深处，也都无比渴望获得成功，体验成功的喜悦滋味，让自己更有信心和勇气去迎接更为艰巨的困难和挑战，一步步从小的成功走向大的成功。

因此，当父母明白了成功的真实内涵后，一方面要善于发现孩子身上的闪光点，经常性地去赞扬和鼓励他们，激发他们求取成功的好胜心。

另一方面，父母也要力所能及地帮助孩子，从设置较低的成功门槛开始，创造可以让孩子获得成功的机会，让他们能够感受到成功的快乐。哪怕这种快乐只是一点点，也能对孩子自信心的提升产生不可忽视的影响作用。

当孩子取得小的成功后，父母还要帮助他们分析取得成功的原因，总结其中宝贵的经验，为他们日后取得更大的成功，做好必要的铺垫。

让孩子知道失败并不可怕

每个孩子都渴望获得成功，想要品尝成功的乐趣。然而，对于失败，他们却有着有天然的抵触心理。害怕失败，不敢面对失败，在对待成功输赢的问题上，得失心比较重。

害怕失败的孩子，一次考试发挥失利，就灰心丧气，自暴自弃；

父母交给他们的事情没有做好，没有得到肯定，就自我怀疑，认为自身的能力不够，彻底否定自我。

不可否认，失败的滋味是令人煎熬痛苦的，然而在人的一生中，谁又能一直顺风顺水呢？每一个人，都是在经历了大大小小的失败和挫折后，总结原因，反思教训，才可能有一飞冲天的辉煌。失败是成功之母，说的就是这样的一个道理。

具体到孩子身上，让他们适当品尝一下失败的滋味，也有利无害。

失败和挫折，能让孩子更好地认识到自身的不足。

一些孩子取得了不错的成绩后，时间久了，会慢慢滋生骄傲自负的心理，这种心态如果不及时调整的话，他们会栽一个"大跟头"。这时一次小小的失败，如一盆冷水，能及时让他们从骄傲自满中清醒过来，更好地审视自我，认识自我，做到扬长避短。

失败和挫折，能很好地磨炼孩子的意志力，让他们的内心变得更为强大。

一定的挫折教育，能让孩子在失败中吸取经验教训，懂得调整自己的心态。父母应让孩子明白，一时的输赢不可怕，可怕的是不敢输、输不起。唯有正视输赢，看淡得失，才能在磨炼中得到更好的成长。

在运动中养成良好品格

　　体育运动是良好的健身方式，能够促进孩子身体的健康发育，使孩子呈现出应有的朝气蓬勃的精神状态，同时对孩子良好品格的塑造，也有着积极的推动效应。对此，父母应积极地鼓励孩子去参加各种体育运动锻炼，在锻炼孩子身体素质的同时，让孩子形成良好的品格。

运动的神奇功用你知道吗

　　品格对孩子的人生成长往往具有决定性的影响作用。具有乐观、阳光、积极、奋进等良好品格，孩子的人生发展自然会一路坦途。

　　但为什么要强调在运动中养成良好的品格呢？运动和孩子品格的形成之间，有着怎样的内在联系呢？人们常会简单地认为，运动的主要功用就是起到了强身健体的良好效果，和孩子的品格塑造，似乎并没有太大的关系。

事实上，这是人们认识上的偏颇，仅仅看到了运动在促进身体健康方面的作用，并没有看到运动和品格养成的内在逻辑。佟佟的小故事，或许可以带给家长们更多的启发与感悟。

佟佟是一个性情比较软弱的小男孩，身上缺乏男子汉的气概；学习上也是虎头蛇尾，三分钟热度，遇到困难就放弃，缺少坚持不懈的意志和毅力。

佟佟的爸爸看到儿子身上的种种缺点后，就想着通过某种方式去改变儿子。在和儿子进行了充分的沟通后，父子俩选择了攀岩这一体育运动。

佟佟非常喜欢攀岩，觉得刺激又冒险，这次有爸爸的带领，他也是跃跃欲试。然而佟佟只是看到了攀岩充满乐趣的表面，对于过程中的辛苦和困难却一无所知。

所以在第一次攀岩时，他刚刚爬了几米，就感觉体力有些跟不上。更令他感觉害怕的是，向下望去，脚下空空，远离地面，他的心都提到了嗓子眼，七上八下地跳个不停。

"爸爸，我坚持不住了，快放我下来。"佟佟向一边的爸爸发出了"求救声"。

"儿子，你坚持的时间太短了，千万别放弃，不然你又怎么能够成为一个坚强勇敢的男子汉呢？"

在爸爸的鼓励下，佟佟脸红了，他只得咬着牙，一步步向上攀登，最后费了九牛二虎之力，才终于成功登顶。

"儿子你看，只要克服心理障碍，坚持不懈，敢于向困难发起挑战，最后的成功一定属于你。今天你的表现非常棒，爸爸为你感到骄傲。"看到儿子第一次攀岩取得了成功，爸爸也不失时机地表扬鼓励他。

第一次攀岩后，只要有时间，爸爸就带着佟佟继续参加这类活动，逐步提升攀岩的难度等级，一步步地从室内走向了室外。

经过一段时间的运动锻炼后，佟佟的性格发生了很大的变化，以前的他，不敢去挑战自我，畏惧困难。现在的佟佟，越是有挑战难度，他的眼神里越是闪现出坚毅的光芒，不用爸爸鼓励，他就能暗暗下定决心，一定要勇往直前，用强大的意志力战胜眼前的困难。

在对待学习上，佟佟也有了很大的改变。以前的他，遇到难题就会放弃，缺乏耐性和毅力。现在的他，将克服学习上遇到的困难，当作了一种挑战的乐趣看待，学习的劲头也越发足了。

在运动锻炼中陪着孩子一起成长

佟佟的故事告诉我们，运动锻炼不仅可以起到强身健体、增强体质的作用，同时它也能在潜移默化中悄然影响孩子的品格养成，能有效地帮助他们克服胆怯、迷茫、慌乱、恐惧等负面情绪，养成坚毅、勇敢等良好品质。

除此之外，通过一定的运动锻炼，还能进一步拓宽孩子的兴趣爱好，还有助于培养孩子吃苦耐劳的精神，以及集体荣誉感、责任感、道德感等多种思想情感，这也是孩子人生成长过程中不可或缺的责任意识。

在具体的运动项目选择上，父母也可以根据孩子平日里的表现，选择不同的运动项目，有针对性地培养孩子的毅力和意志力。

如长跑运动，终点是一个有效的激励目标，只有永不放弃才能顺利地到达终点。因此，适当的长跑运动锻炼，能够培养孩子的坚持意识，锻炼孩子的耐力。如果能够持之以恒地持续下去，孩子就能很好地克服他们身上存在的做事半途而废的缺点。

当然，长跑运动适合年龄大一些的孩子，运动时，还需要父母陪伴在身边，这样既能保证孩子的人身安全，也有利于培养和谐的亲子关系。

球类运动也是不错的运动项目。足球、乒乓球、篮球等，对孩子集体协作意识的培养，以及果断、敢拼敢打等优良品质的塑造，都有着显著的效果。通过这类运动的锻炼，也能够让孩子变得耐心、细心起来。

当然，运动锻炼对孩子优良品质的塑造，并非一朝一夕就可以完成的。这需要父母有足够的耐心，陪着孩子一起成长，相信在日积月累的坚持之下，孩子的内心会因此变得强大起来，更有信心和勇气去迎接生活和学习上的挑战。

不良性格行为矫正

性格行为能够被重塑吗？当然可以。在后天正确的教育引导大环境中，性格行为可以被重新塑造和纠正。父母需要做的是，帮助孩子逐步消除身上的不良性格，让孩子内在的优良性格得到充分的发挥。

不要让不良性格行为影响了孩子

人们身上的不良性格，对个体的发展成长，往往会带来诸多负面影响。西楚霸王项羽，力拔山兮气盖世，神勇无双，不过为人太过刚愎自用，听不进周围人合理的意见，原本占据绝对优势的他，却被刘邦一步步逼上了人生的绝境。

三国时期，关羽有勇有谋，忠义千秋，然而他骄傲自负、目空一切的不良性格，最终导致他和东吴失和，落下一个败走麦城的凄惨下场。

具体到孩子身上也是如此。他们的童年时代，正是性格塑造和养成的黄金期，如果引导得当，孩子将会拥有良好的性情特征，成为一个活泼开朗、阳光自信的少年，未来的人生发展也会更加顺利。

但如果父母没有觉察到孩子的不良性格，或者是对他们身上表现出来的性格缺陷视而不见，任由这些不好的性格行为在孩子身上深深地"扎下根"，一旦等到性格定型之后，再去改变就非常困难了。这些性格缺陷在生活、学习以及社交活动上引发的负面效应，也会伴随孩子的终生。

孩子身上存在的不良性格行为，大致都有哪些呢？简单来说，孩子在日常生活中表现出来的诸如脾气暴躁，动不动就乱发脾气，十分任性，不听他人建议，或者是性情懦弱，喜欢依赖他人等，都属于典型的性格缺陷。

在人生的长河中，这些不良的性格行为，就犹如水面下密布的暗礁一样，当人生之舟从这些礁石上方驶过时，一不留神，就会被暗礁所伤，再也难以扬帆起航了。

所以，父母在家庭教育中应密切关注孩子的行为举止，及时发现问题，寻找原因，努力消除孩子身上不良的性格特征，培养和释放他们性格中潜在的积极因子，自然就能为孩子日后的成功铺垫坚实的基础。

如何有效矫正孩子的不良性格行为

纠正孩子身上存在的性格缺陷，关键在于因势利导，做到"取其精华，去其糟粕"，在扬长避短中充分发挥出他们的性格优势。

开阔孩子心胸，让孩子不再暴躁易怒

乾乾是一个爱发脾气、任性、爱钻牛角尖的孩子。在家里，一不如意他就大哭大闹，在外面和小朋友玩耍时，也常因为一点小事就起争执、闹矛盾。

乾乾的父母看到孩子的这种行为表现，也深感头疼。他们经过仔细分析后发现，造成孩子脾气暴躁的原因，既有父母的溺爱和放纵，也有孩子的任性。

找到了原因，乾乾的爸爸妈妈开始有针对性地引导儿子去逐步改正身上的性格缺陷问题。生活中，他们关心孩子但不再溺爱孩子，遇到矛盾时，坐下来心平气和地和孩子讲道理，以理服人。

空闲时间，爸爸妈妈尽量多陪孩子参加课外活动，以开阔孩子心胸，陶冶孩子情操。经过一段时间的教育和矫正，乾乾的脾气变得平和多了，他为人热心肠的良好一面也充分发挥了出来，经常得到父母的肯定和赞扬，快乐阳光的笑容，也重新回到了乾乾的脸上。

锻炼孩子动手能力，纠正孩子的依赖性格

生活中有些孩子总是喜欢依赖他人，一遇到问题就束手无策、选择逃避。这类性格的孩子，一方面习惯享受别人的帮助，另一方面也在潜意识里认为自己没有能力解决问题，久而久之，他们的依赖性人格就定型了，失去了独立生活的能力。

矫正孩子的依赖性人格，父母要多给孩子提供动手的机会，让孩

子养成动手的好习惯，尤其是孩子自己应该做的事情，大人绝不插手，鼓励他们独立完成。

在思想认知教育上，父母还应引导孩子树立自立、自理、自强的人生观，多启发，多鼓舞，同时通过榜样示范，逐步消除孩子习惯依赖他人的性格缺陷。

现实生活中，大多数孩子存在着或多或少的不良性格行为。面对这一问题，父母应在接受孩子不完美的思想基础上，积极地帮助孩子去克服、去纠正这些不良的性格行为，从而让他们的积极性格特征得到全面的发挥。

第七章

亲子行为：

让孩子在爱中快乐成长

　　孩子的成长需要爱的滋养，来自父母深沉的爱，对于孩子的一生都产生着重要的影响。生活中那些被深爱着的孩子，内心深处随时都会涌起强烈的安全感，倍感充实安定。从父母充满爱的言语行为中，他们能感受到被重视、被信任、被关注，自信心和生命的活力也会在爱的关怀下，得到很好的激发生长。

　　所以，请好好地去爱自己的孩子吧，当孩子获得了爱的满足，他们能够快乐成长，良好的性格塑造和健康的身心发育都能得到实现。

父母对儿童的影响

　　父母是孩子健康成长的"第一监护人"，他们不仅给孩子提供了必要的物质需求，同时也会对孩子健康的心理发展和性格塑造产生巨大的影响作用。优秀的父母教育出来的孩子也一定非常出色。

没有不好的孩子，只有不合格的父母

　　家庭社会学理论告诉我们，孩子的问题行为往往与家庭成员间的互动模式息息相关，尤其是亲子之间的互动，对孩子的影响更大。

　　家庭是孩子完成初级社会化的场所之一，在家庭中，父母是孩子的第一任启蒙老师，父母的一言一行，都在潜移默化中悄然影响着孩子，起着重要的示范、引导作用。也可以说，孩子是父母言行举止的缩影和翻版。人们强调家风、家教的重要性，也正源于此。

　　但有些父母却不这样认为，他们认为孩子的性格养成和行为习惯和父母的影响没有多大关系，全是孩子自身的原因造成的。

出于这样的心理认知，他们一旦看到孩子做错事，或身上存在着一些缺点，就常常站在道德的制高点指责孩子，将孩子批评得一无是处。殊不知，孩子犯错或是养成不良的行为习惯，很大一部分原因都出在父母的身上。

有两个家庭教育孩子的故事，很有启发意义。

一个孩子的英语测试成绩不理想，回到家后，妈妈一脸怒气地批评说："你这孩子，天天就不知道用心学习，再这样别上学了，真是丢我们的人。"

妈妈的话语深深刺伤了孩子的心，其实他已经非常努力了，妈妈却不能理解，他心想既然努力也得不到认可，干脆就放弃算了。

另一个孩子，同样是英语成绩不理想，不过当他回到家后，爸爸不仅没有批评他，反而还用惊喜的语气对他说："儿子，你比爸爸强多了，爸爸可是连一句完整的英语句子都说不出来。没关系，好好学，爸爸相信你会越来越好。"

爸爸的鼓励和自嘲，让孩子感动莫名，他暗暗下定决心，一定要用好的成绩回报爸爸的信任。

这则小故事说明，同样的问题，不同的教育引导方式，对孩子的成长会带来截然不同的结果。没有不好的孩子，只有不合格的父母。父母合格了，孩子才会更优秀。

父母都影响了孩子的哪些方面

如果你的孩子过于依赖父母，可能是因为你处处"帮助"孩子，生活中替孩子包办一切，才让孩子养成了严重的依赖思想。

如果你的孩子嫉妒心太强，听不得别人家孩子的好，可能是因为你平时经常拿他和别人家的孩子做比较，严重打击了孩子的自信心，进而嫉妒那些看起来比他们优秀的孩子。

凡此种种，都是父母影响孩子的表现。具体来说，父母对孩子的影响主要集中在以下几个方面。

首先，父母的心胸和格局影响着孩子的格局与胸襟。

父母心胸开阔，格局大，做事大气有风度，遇事沉着冷静，在这样的家庭环境下成长起来的孩子，也会表现出大度、儒雅的气韵风度，在遭遇困难时，从不会抱怨放弃，反而勇往直前，愈挫愈勇。

其次，父母的品行，对孩子德行的塑造也非常关键。

父母品行端正，为人善良，乐于助人，这些优良的品行，对孩子也会带来潜移默化的深远影响。在父母言传身教的熏陶下，孩子自然也会养成热情、正直、乐于分享和奉献的好品德，成为人见人夸的好少年。

最后，父母的幸福婚姻影响着孩子性格品性的形成。

家庭和睦、婚姻美满的父母，给孩子创造出了一个温馨有爱的家庭成长环境，孩子的人格发展也会比较健全，会成为一个阳光活泼的好少年。反过来，父母吵架冷战，动不动就拿孩子撒气，会对子女造成严重的心理创伤，影响他们身心的正常发育。

由此可知，在每一个原生家庭里面，孩子最初的行为习惯、性格塑造、为人处世等各个方面，都深受父母的影响。所以，父母应以身作则，做好孩子的启蒙工作，帮助他们养成好的品行和行为习惯，这是对孩子最好的教育。

耐心对待孩子

父母都是深深爱着自己的孩子的，在孩子的成长过程中，父母教育引导，也是他们对孩子"爱之深，责之切"的行为体现。但需要父母知道的是，在对孩子进行教育时，请多拿出一些耐心，多一分理解和关怀，少一些急躁和粗暴。

内心焦虑多了，耐心就少了

孩子的教育和引导至关重要，父母只有拿出足够的耐心和孩子相处，才能让他们健健康康、快快乐乐地茁壮成长。

然而，在快节奏且忙碌的生活，以及各种琐事的重重压力下，很多父母失去了应有的耐心。他们虽然也非常爱自己的孩子，然而在具体的教育引导上，却不能保持应有的冷静和理智，心态焦虑，脾气暴躁，一个小小的"火星"都有可能点燃他们胸中的熊熊怒火，让他们暴跳如雷，对孩子横加指责，粗暴对待。

晚上十点多了，多多练完字，一溜小跑回到卧室，准备上床睡觉。

"今天你刷牙了吗？"妈妈见状问道。

"妈妈，今天晚上我不想刷牙，太累了，明天再说。"多多请求道。

"不行，不刷就别想睡觉，你看你就不能养成一个好的生活习惯，每天都让我说你。"看到儿子没有按照自己的意图去做事，妈妈心里的"小火山"一下子爆发了。

"我就是不刷，就要睡觉。"多多也来了气，和妈妈针锋相对，他的眼眶里盈满了泪水，小胸脯气得一鼓一鼓的，一场"大战"似乎不可避免了。

爸爸听到了动静，赶忙从客厅过来解围，他先是冲着妻子使了一个眼色，然后和颜悦色地对多多说："睡觉刷牙洗脸，是个好习惯。儿子，今天咱们尝试一下牙膏加食盐的新刷牙方法，听说可以有效预防牙齿疾病呢，要不要尝试一下？"

爸爸温柔的话语，让多多的态度松弛了很多。爸爸见状，又继续劝说道："来，爸爸陪你一起，咱们来一场小比赛，看谁把牙齿刷得干干净净，谁就是第一名。"

听到爸爸这样说，多多也来了兴趣，他转怒为喜，高兴地跑去刷牙了。

显然，多多最后能够乖乖地听从指令去刷牙，是爸爸耐心教育的功劳。如果采用妈妈的做法，态度粗暴，只能进一步激化矛盾。

教育孩子，请多一分耐心和理解

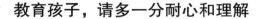

　　生活中，有这样一些父母，他们对孩子寄予了很高的期望，尽可能地用高标准去要求他们。一旦孩子达不到自己的期望值的时候，就会怒气冲冲、兴师问罪。这样的教育方法看似对孩子的人生成长负责，实际上从不考虑孩子的感受，缺乏耐性和对孩子的尊重，反而起不到教育的作用，还会让孩子变得更加叛逆。那么，怎样才能耐心地去教育引导孩子呢？

　　孩子犯了错，不要急着去责备打骂，要冷静下来，分析孩子犯错的原因，多和他们交流沟通，倾听他们内心真实的声音。

　　孩子学习上不用心，也不要着急上火，要懂得管理好自我的情绪，可以陪着孩子一起读书练字，用爱和温暖去激励他们、鼓舞他们。

　　孩子性格上存在着缺陷，如自私冷漠、骄傲自负等，父母也不要轻易去否定他们。学会接纳孩子的不完美，然后多用欣赏的眼光去发现孩子身上的闪光点。多花一点时间，多一分耐心地去纠正、去引导，在鼓励和肯定中让孩子得以完美蜕变。

给孩子足够的安全感

安全感是孩子心理健康的重要基石。孩子的安全感从哪里来？从父母的呵护和关注中来，也从温馨和谐的家庭环境中来。父母只有给予了孩子足够的爱和关怀，孩子的内心才能充满安全感。

安全感，是孩子身心健康发育的基础

有人将孩子的成长比作建造一座高楼大厦，而其中的安全感，就犹如高楼大厦的地基一般，孩子的安全感越充足，地基就越稳固，他们的身心发育才越能呈现出积极健康的状态。

平日里，甜甜是一个活泼可爱的孩子，是妈妈眼中乖巧懂事的"小公主"。

可是当甜甜上了幼儿园，妈妈顿感苦恼。每天早上送她去幼儿园时，甜甜就会赖在幼儿园的门口不肯进去，嘴里一直喊着"我要妈妈，妈妈不要走，我要和妈妈在一起"，非要让老师哄上半天才停止哭闹。

很显然，从甜甜的行为表现上看，她是一个缺乏安全感的孩子。依赖妈妈，离不开妈妈，看着妈妈离开就哭叫吵闹，正是她内心渴望安全感的体现。

生活中，缺乏安全感的孩子，常常有以下几种表现。

对爸爸妈妈极度依赖，在公共场合胆小怯懦，害怕和陌生人交流接触，远离同龄的小朋友。

生活、学习上遇到问题和困难时，缺乏独立迎接挑战、解决问题的信心和勇气，严重依赖父母的帮助。

害怕失败，畏惧竞争，任何挫折都会让他们倍感惶恐不安，内心充满恐惧感。

不难看出，安全感是孩子身心健康发育不可或缺的重要基础。有安全感的孩子，情绪表现稳定，性情善良平和，心态快乐阳光。

而当孩子从父母那里获得充足的安全感后，他们就会有强大的自信心和自尊心，也能够在人际交往中建立起和他人良好互信的和谐关系。

让孩子有安全感，父母需要这样去做

安全感，对于孩子的人生成长有着重要且积极的意义。它会让孩子在长大之后，拥有更强的社会适应性，也更容易取得人生的成功。

那么，父母应该如何做，才能让孩子有满满的安全感呢？

要有和谐稳定的家庭关系

良好亲密的家庭关系，温馨幸福的家庭环境，是孩子幸福快乐的源泉，也是构建安全感的基础。

试想，如果父母在感情上出现了矛盾，整天吵吵闹闹，孩子看在眼里，又会是什么样的心理感受呢？只有爸爸妈妈和睦相处，甜蜜恩爱，孝敬长辈，用积极的情感去关心和爱护自己的孩子，才能给他们营造出充满安全感的家庭环境。

给予高质量的陪伴，积极回应孩子的诉求

父母应和孩子一起成长，给予孩子高质量的陪伴。生活中，父母应回归家庭，尽量抽出更多的时间和孩子一起玩耍、学习、互动，用父爱、母爱去温暖孩子。

积极回应孩子的各类诉求，实际上也是高质量陪伴的一种。当孩子有情感陪伴的需求时，父母也应在第一时间回复他们，让孩子有被尊重和重视的心理感受。

比如当孩子需要爸爸妈妈陪着他们一起在绘画本上涂抹时，也许当时你正忙于家务，但是也要第一时间去回应孩子："没问题孩子，请稍微等待一会儿，忙完了我马上过去。"

孩子的自理和独立、自信和从容，都需要有足够的安全感作为牢固的支撑。明白了这个道理，父母也就懂得如何更好地去爱自己的孩子了。

优秀的孩子都是夸出来的

孩子积极勇敢、努力上进的优良品行，是被严厉批评和管教出来的吗？当然不是！过于严厉的批评，会严重打击孩子的自信心。聪明的父母，都懂得采用恰当的方式去夸孩子。

父母要学会经常夸孩子

受传统文化的影响，在一些父母看来，谦虚是美德，因此大多不愿去夸奖和赞美孩子。他们认为，孩子生活上自理自立，学习上取得了进步，做事积极主动，这都是孩子应该做到的事情，不需要去刻意夸奖。

更有一些父母担心经常性地夸奖孩子，会让孩子变得骄傲起来，一旦骄傲，就容易落后，所以还是不夸或少夸为好。

实际上，想要孩子变得更为优秀，父母应当适当地去夸奖和表扬孩子，充满激励性的夸奖之词，更能激发起孩子努力进取的心态。

犇犇曾是一个调皮捣蛋的孩子，熟悉他的大人都开玩笑地说犇犇太难管教了，就像是一个天不怕地不怕的"小霸王"一样。

犇犇妈妈的一位同事来家里做客，有一段时间没有见到犇犇了，这位同事还以为犇犇像往常一样，大大咧咧，缺少礼貌。

谁知道一进门，犇犇就主动走过来问好，端茶倒水，热情周到，让人刮目相看。

和犇犇妈妈闲聊时，谈到儿子的教育问题，同事向她请教如何把孩子教育得这么好。

犇犇妈妈笑着告诉同事，以前她也为管教犇犇大伤脑筋，后来她在阅读了一些儿童教育相关的书籍后，决定改变教育方式，多去发现犇犇身上表现优秀的地方，也多去夸夸他。

比如，犇犇给爷爷倒了一杯水，虽然是举手之劳，不过妈妈却高兴地夸赞说："儿子，你今天的表现真棒，知道心疼爷爷了，妈妈为你点赞，如果以后能长期坚持下去就更好了。"

犇犇虽然调皮，但是口才非常好。妈妈就抓住他的这个特点，激励他说："儿子，你的口才特别好，如果能将这个优点用到写作上，妈妈相信你的作文一定能成为班上同学们的范文。"

就这样，妈妈抓住犇犇身上的闪光点，在夸奖的过程中慢慢引导他、激励他，受到积极肯定的犇犇，也变得越来越优秀了。

夸孩子，也要有技巧

对于孩子来说，无论他们的性格特征如何，行为表现如何，在他们的内心深处，都有着渴望被关注、被赞扬、被肯定的心理情感诉求。

生活中，父母一个鼓励的眼神、一个善解人意的微笑、一句暖心的话语，都能带给孩子积极的心理暗示，在悄然中促进他们向着更好的方向发展。日积月累，孩子自然就会有质的改变。

由此可知，夸奖和赞美孩子益处多多，积极的一面是显而易见的。但问题是，父母懂得夸奖孩子的意义，并不见得会夸奖孩子。夸奖，要恰到好处，这才是赞美孩子正确的打开方式。

一是多夸奖孩子的努力，不去表扬他们有多聪明。

当孩子努力上进时，父母不要吝啬赞美之词，多去肯定、鼓励他们。这样有助于培养孩子的成长型思维。他们在父母的赞许中会深深明白，自己并不是一无是处，通过努力完全可以改变自我、发展自我。

如果父母将夸奖的重点放在孩子如何如何聪明上面，很容易让孩子在飘飘然中变得骄傲自满起来。

二是夸奖注重过程，具体直观，让孩子明白被夸的原因。

孩子跳绳得了第一名，聪明的父母会说："努力就有回报，付出就有收获，平时刻苦练习，终于能品尝到胜利的果实了。"

孩子听了，知道自己取得好名次，是日常勤奋努力的结果，他们也将会更加看重努力的过程。

三是孩子犯了错或落后了，也要巧用夸奖的技巧。

很多时候，孩子犯错落后是无心之失，本就无比内疚了，这时再去批评指责孩子，只会让他们加倍委屈。

遇到这种情况，父母可以变批评为夸奖："你已经非常用功了，爸爸妈妈也都看到了，没关系，小小的失误不怕，下次咱们再重新赢回来。"孩子听了，自然备受鼓舞，重新焕发无穷的斗志。

不吝啬表达对孩子的爱

　　爱孩子，就要勇敢地大声说出来，让孩子知道，在这个世界上，最爱他们的人是爸爸和妈妈，任何时候，爸爸妈妈都是他们最坚强的后盾，永远会用爱守护他们。

爱你在心口难开

　　也许是受文化习俗和表达方式的影响，中国家庭中的父母在和孩子相处时，虽然内心对他们充满了无限柔情，然而很少会当着孩子的面，把"我爱你""爸爸妈妈都非常喜欢你"等话语说出来。

　　在这些父母的思想观念中，爱孩子，心里面默默去关心、呵护他们就行了，不必非要说出来。

　　但在孩子心中，他们更希望能够从父母口中得到明确的答案。因为很多时候，父母含蓄的爱，孩子并不能真真切切地感受到，相反还会对父母产生一定的误解。

梦梦是一个可爱的小女孩，聪明机灵，妈妈非常疼爱她。

梦梦喜欢钢琴，痴迷音乐。虽然钢琴学习花费不菲，但妈妈宁愿自己省一点，也全力支持女儿的梦想。而且每次梦梦学习完钢琴回来，不管多晚，妈妈总是忙前忙后，给她准备可口的食物。看着女儿一口一口将食物吃完，妈妈的心里充满了甜蜜的味道。

有一次梦梦向妈妈抱怨，说练习钢琴手腕有点疼。等到她休息睡熟后，妈妈就坐在床边，轻轻地帮助她按摩手腕关节，一直按到很晚才睡，还一连坚持了很多天。

梦梦上了一段时间的钢琴课后，就想要妈妈给她买一架最好的进口钢琴。这让手头并不宽裕的妈妈很为难，就和梦梦商量着，希望能够缓一缓再买。

梦梦却误解了妈妈的意思，以为是妈妈不想买。正在闹情绪的她，流着眼泪对妈妈说："你是不是从来就没有爱过我？连给我买一架钢琴的愿望都不肯满足吗？"

女儿的一句话，瞬间击破了妈妈的心理防线。她怎么不爱自己的女儿呢，只是平日里不善于表达，或者说不好意思表达罢了。

等到梦梦情绪平复后，妈妈和她展开了一次深入的沟通交流。这一次，妈妈讲了和女儿相处过程中的点点滴滴，最后她还明确地告诉女儿："妈妈永远爱你，你在妈妈的心中占据着最为重要的地位，只是妈妈没有直接说出口而已。"

通过这次有效沟通，母女冰释前嫌，在什么时候购买钢琴的问题上也很快达成了共识。

没有不爱孩子的父母，只是在很多时候，父母的爱是无声的，是沉默的，隐藏在了生活的细节中，不被孩子察觉到罢了。

父母的爱，是孩子最温暖的依靠

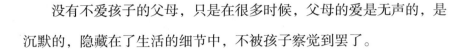

有人说，爱孩子，是治愈孩子心灵创伤最好的"良药"。所以，在陪伴孩子一起成长的过程中，父母应该明白的是，爱孩子，就要大声说出来，不要吝啬对孩子的爱。

孩子的童年时期，促使他们成长的内在坚韧力量，全部都来自父母深沉的爱。正因为有了这份爱，他们在日后的成长过程中，才有强大的信心去迎接人生的风雨，无畏前行。

不要吝啬对孩子的爱。在言语上，要经常对孩子说："宝贝，妈妈非常喜欢你，你是妈妈的骄傲。"

"遇到困难，你只管一往无前地向前冲，爸爸和我，永远是你坚强的后盾。"

除了言语的表达，在行为方式上，爸爸妈妈充满爱意的眼神，一个大大温暖的拥抱，印在额头上的一个深深的亲吻，所有这些肢体动作，都能够让孩子感受到被重视、被深爱的美好。

不要吝啬对孩子的爱。父母只有给了孩子足够的爱，孩子才会无惧困难和挑战。因为他们知道，身后不远处，有爸爸宽厚有力的大手和妈妈柔和坚定的目光，父母的爱是他们坚实的依靠。

莫让口中"别人家的孩子"伤害孩子

"别人家的孩子",是无数孩子童年期"梦魇"般的存在。在父母口中,"别人家的孩子",永远是那么优秀,那么出色,如同神话中的完美人物一样,自己无论如何努力,都追赶不上对方。父母常拿"别人家的孩子"来做对比,希望以此来激励自己的孩子。殊不知,这已经在无形中伤害了自己的孩子。

不要老拿"别人家的孩子"做比较

可以说,"别人家的孩子",几乎是所有孩子最不愿听到的内容。

"你看咱们邻居家的小姑娘,乖巧可爱不说,学习成绩还特别优秀,什么时候你和人家一样,妈妈就开心了。"

"今天去小菲家做客了,小菲这孩子,做事勤快懂礼貌,样样拿得起放得下。再看看你,简直差太多了。"

生活中，大多数家庭中的父母，总喜欢拿"别人家的孩子"说事，把他们当作标尺，然后在自家孩子的身上比来比去。等到比较出差距之后，心理上感到不平衡的父母，就开始对孩子展开各种打击，肆意地去贬低和责备他们，丝毫不去顾及孩子的心理感受。

也许父母的本意是好的，用先进做榜样，本是为了刺激、鞭策落后者，但往往适得其反。

小雨的爸爸就是这样，总爱拿"别人家的孩子"和儿子做比较。一比较，孩子的身上就只剩下缺点了，这样不对，那也不行，没有一点值得肯定的地方。

一开始，小雨还能忍受爸爸的唠叨和批评，时间久了，他越来越厌烦爸爸提起"别人家的孩子"。有一次，当爸爸再次以这样的方式去刺激他时，又羞又怒的小雨，竟然跑去了外公家里居住，不愿意回到自己的家里。

直到这个时候，小雨的爸爸才真正意识到，以前他用"别人家的孩子"来刺激儿子的做法是错误的，对小雨造成了很大的心理伤害。他诚恳地向孩子道歉，最终也取得了小雨的原谅。

孩子都有强烈的自尊心，被比较后的失落和自卑，会让他们产生怀疑自我、否定自我的心理，进而自暴自弃，自甘沉沦。这一点，是每一位家长都应注意的问题。

理性看待孩子之间的差距

每一个孩子，都有着自己与众不同的成长节奏。孩子性格各异，行为表现也各有不同。而这些，恰恰很好地证明了他们都是一个个独立的个体，具有无法复制的独特性，这也才是孩子成长过程中最为宝贵的特质。

性格上，外向的孩子，有外向的优势；内向的孩子，也有内向的优点。并不能绝对地说性格外向的孩子，就一定比性格内向的孩子优秀。

学习上，有的孩子的学习成绩虽然和其他孩子之间存在着一定的差距，但他每天都在努力、在进步。而且，学习并非衡量孩子成功优秀与否的唯一标准，以成绩来评判孩子，太过武断。

实际上，每一个孩子都有着自身的长处与优点，只是在很多时候，被父母忽视了。他们拿"别人家孩子"身上的长处，来和自己孩子身上的短处做比较，得出的结论，自然只能是自家的孩子比不上别人家的孩子。

所以，请理性看待孩子之间的差距，试着用欣赏的眼光看待孩子，此时就会发现，自己的孩子其实一点也不差。

享受亲子阅读

在众多亲子行为方式中，陪伴孩子阅读无疑是一种值得提倡的好方法。通过亲子共读，不仅可以让孩子体验到阅读的乐趣，也能让他们在汲取知识的过程中，获得智慧、勇气和信心，更能增进亲子关系。

亲子阅读的重要性

亲子阅读，是一种快乐的教育方式。父母和孩子一起阅读，徜徉在知识的海洋里，沐浴在温馨和谐的共读氛围中，对孩子的身心健康发育，有着莫大的益处。

乐乐的父母就非常注重亲子阅读的工作。从乐乐两三岁起，只要有时间，爸爸妈妈都会坐下来，和孩子一起读绘本故事、经典读物等。

养成了亲子阅读的好习惯后，生活中的乐乐，就像是一个"小博士"一样，看到身边的动植物，他就一本正经地给大家科普，认真的模样特别有趣。

日常学习上，乐乐也非常积极主动。每天从幼儿园回来，不用父母催促，乐乐就会先温习、练习一会儿刚认识的生字，行为表现非常棒。

而且更让周围人羡慕的是，经过亲子阅读熏陶后的乐乐，善解人意，懂得关心人、体贴人，和爸爸妈妈的感情也非常深。

显然，从知识和智力开发层面看，在亲子阅读的过程中，孩子的认字、识字、语言发展能力以及智力，都能得到很好的锻炼和开发。

在亲子关系上，父母陪伴孩子读书，一起分享书里面有趣的故事，能让孩子很好地感受来自父母浓浓的爱意，孩子的身心也在平和快乐的氛围中得到更好的滋养。

怎么样让孩子爱上阅读

现代社会，家长都非常注重孩子的教育问题，也愿意陪孩子多读书，那么如何让孩子爱上阅读呢？

创造良好的阅读环境

在家庭中，父母要起到榜样示范的作用，有时间就坐下来读读书，不当"手机一族"，给孩子营造一个好的阅读氛围。

有条件的话，还可以在家里面放置一个书柜，购买一些孩子喜爱阅读的书籍放到里面。一个小小的书柜，就能够让整个家庭内部充满书香的味道。

孩子喜欢读的书，放在醒目的地方

让孩子爱上阅读，有一个小小的技巧，就是将他们喜欢的书籍放在醒目的位置上，他们想读的时候，一伸手就可以够得到，方便孩子随时取阅。

比如，父母可以特意为孩子量身打造一架精巧的小书架，在上面摆上琳琅满目的各类书籍，以此来吸引孩子的注意力。

随时随地陪孩子一起共读

在刚开始培养孩子的阅读习惯时，活泼好动的孩子或许很难能安安静静地和父母一起阅读。不过没关系，孩子有阅读的兴趣时，就陪着他们一起读。其他时间，如孩子临睡前、睡醒起床时，也可以给他们读一读、讲一讲书里的有趣故事，慢慢引导孩子养成阅读的好习惯。

亲子阅读，关键在于和孩子同频共振，去熏陶他们、感染他们、带动他们，让孩子充分体验到阅读的美好，而不是将读书当作一项任务来对待，那样就失去了亲子阅读的意义了。

和孩子一起面对家庭新成员

家里添了新宝宝，当父母长辈满怀欣喜地迎接家庭的新成员时，也不要忘了对大宝的爱和关怀，帮助他们平稳地度过心理适应期。

不要让孩子受冷落

当有了第二个孩子之后，父母除了做好孕期的各项准备工作外，更需要考虑的是：备受宠爱的大宝，会不会接受自己突然多出一个弟弟或妹妹的现实呢？他们的心里有没有落差呢？

显然，对于家里的大宝来说，在弟弟或妹妹没有到来之前，他们完全独占父母的爱。但如果多了一个弟弟或妹妹，父母自然会分出精力去照顾家庭里的新成员，一旦没有照顾好大宝的情绪感受，他们可能就会生出被冷落的感觉。

珊珊的爸爸妈妈这一段时间忙坏了，原来前不久，家里添了一个新成员，珊珊的弟弟出生了。

为了照顾好小宝宝，珊珊的爸爸妈妈把大部分的精力都放在了珊珊的弟弟身上，忽略了对珊珊的关爱。

以前没有弟弟时，珊珊是爸爸妈妈眼里的"掌上明珠"，每天大家都围着她转。现在多了一个弟弟，珊珊突然觉得父母都不爱她了。只要弟弟一哭，爸爸妈妈就会跑去哄抱弟弟了，这让珊珊心里感觉委屈极了。

有一次，弟弟睡醒了，珊珊跑去逗他玩，一不小心，指甲在了弟弟嫩嫩的脸蛋上划了一道印，小宝宝感到疼了，哇哇地哭了起来。

妈妈见了，一面抱起小宝宝安慰，一面批评珊珊说："你是大姐姐，怎么这么不小心？"

妈妈的责备，让珊珊倍感委屈，她的情绪一下子爆发了，哭着对妈妈说："有了弟弟，你们都不爱我了。"说完，扭身又趴在沙发上，伤心地大哭起来。

直到此时，爸爸妈妈才意识到问题的严重性，他们赶忙向珊珊道歉，哄她安慰她，答应以后像爱弟弟一样继续疼爱她，这才平复了珊珊悲伤的情绪。

引导孩子接受和面对新成员

家里添了新成员，此时父母"一碗水端平"显得非常重要，要做到不偏不倚、平等对待，否则会对孩子的身心发育产生不良的影响。

那么，如何才能让孩子认为父母依旧深深爱着他们，怎样引导他们和新出生的弟弟、妹妹和谐相处呢？

培养大孩子的期待感和责任感

当父母有了孕育新宝宝的计划后，平日里要多和大宝沟通交流，一步步地启发、引导他们。比如爸爸妈妈可以这样对大宝说："你看周围的小朋友都有弟弟或妹妹陪伴，一大家子开开心心多热闹啊！你想不想也有可爱的弟弟或妹妹呢？有弟弟或妹妹陪着你一起玩耍成长，是多么美好的一件事情呀！"

这种交流方式，会让孩子对即将到来的弟弟、妹妹充满期待，而不是嫉妒或抵触。

当孩子满怀期望时，父母还要和大宝商量，等到新宝宝出生后，作为哥哥或姐姐，要去爱护这个小弟弟、小妹妹。

这样去做，孩子心里升起了爱护弟弟、妹妹的责任感，他们会更期待家庭新成员的到来。

对每一个孩子的爱都是一样的

新的宝宝出生后，父母的精力难免会发生倾斜，一不注意，就会疏忽对大宝的爱和照顾。

怎样才能避免大宝产生心理落差呢？很简单，让大宝感受到父母对他和弟弟、妹妹的爱是均衡的，没有偏心现象的存在。

比如，给小宝宝喂奶、换尿布，爸爸妈妈可以主动邀请大宝参与进来，让他们感受到虽然有了弟弟或妹妹，但是他们并没有被父母冷落。

　　给小宝宝买玩具时，大宝也应当有一份，做到公平对待。

　　也可以在小宝宝睡着后，每天都抽出时间专门陪伴大宝，给他讲故事、读绘本、玩游戏，一直哄着他入睡。用高质量的陪伴，来消除大宝可能会出现的失衡心理。

不良亲子行为矫正

爱孩子，就希望他们能够健康茁壮地成长。父母都希望能够在人生的发展方向上给孩子以力量，在关爱的细节上给孩子以温暖。但如果一味溺爱孩子，或者是没有为孩子营造出和谐温暖的家庭成长环境，这些不良的亲子行为就会给孩子的成长造成影响，因此应及时纠正。

你是否陷入不良亲子行为陷阱里了

在陪伴孩子成长的道路上，父母和孩子之间的亲子互动关系，胜过无数空洞的说理教育，这也是现代家庭中父母比较注重亲子行为的重要原因。

然而在现实生活中，一些父母却出现了不良亲子行为，主要表现在以下几个方面。

一是以爱的名义，做伤害孩子的事情。

在一些父母的心目中，认为所谓的亲子行为就是给予孩子一切，为他们提供充裕的物质条件，尽可能地满足孩子的所有要求。

在这种错误认知的误导下，孩子从小到大一直生活在父母溺爱的环境中，衣来伸手，饭来张口，是整个家庭的中心，看似得到了全部的关爱。

而事实上，溺爱孩子，并不是真正地爱孩子，反而是在伤害他们。当孩子在溺爱中养成自私自利的性情特征后，等到他们步入社会，没有父母宠着惯着，自然会处处碰壁，很难适应社会的发展。

二是爱的重心发生了偏移。

在一些二胎或多胎的家庭里面，父母会有意识地偏向某一个孩子，爱的情感天平会不知不觉就发生了偏移，出现了偏心的现象。

偏爱某一个孩子，而冷落了另外的孩子，会对被冷落的孩子造成心理伤害，甚至使他们形成嫉妒、偏执、自卑等不良性格。

三是夫妻婚姻不幸福，变本加厉地去伤害孩子。

当夫妻的婚姻关系亮起了"红灯"后，受伤害的不只是夫妻二人，每天生活在父母吵闹环境下的孩子的稚嫩心灵上也会蒙上一层严重的阴影。

用正确的亲子行为去爱孩子

不良的亲子行为，对孩子的性格养成、三观塑造以及人生的走向，都会带来负面影响效应，那么父母又应当如何用正确的亲子行为去关心爱护孩子呢？

建立融洽的亲子关系，营造幸福温馨的家庭环境

孩子童年的幸福快乐，离不开和睦的家庭环境。父母恩爱，家庭内部才能充满爱和欢乐的味道，父母也会将全部精力和心思用在孩子身上，真正地去关心、爱护他们，给孩子一个充满安全感的成长环境。

从精神上去引领孩子

爱孩子，物质上的满足只是一方面。很多溺爱孩子的父母，让孩子拥有充裕的物质生活，但让他们的精神上倍感空虚，只知道去索取、去挥霍，却从不懂回报和感恩。显然，这种爱无疑是非常失败的。

因此，日常生活中，父母在为孩子提供必要的物质所需外，还要从精神上去引领他们，让孩子树立正确的三观信念，养成良好的性格品行，确定远大的理想目标。内心充盈的孩子，才是真正幸福快乐的。

欣赏孩子，满足他们的情感需求

身边的每一个孩子，身上都有着优点和闪光点，父母需要做的，就是拿出充足的耐心，多去欣赏孩子，肯定孩子的长处。

当孩子有情感需求时，父母也应在第一时间去回应他们，积极地和他们互动交流，让孩子感受到被爱和受重视。

参考文献

[1][美]C. 赖特·米尔斯著，陈强、张永强译 . 社会学的想象力 [M]. 北京：生活·读书·新知三联书店，2016.

[2][美]L. 布鲁姆等著，张杰、钱江洪等译 . 社会学 [M]. 成都：四川人民出版社，1991.

[3] 蔡万刚 . 儿童教育心理学 [M]. 北京：中国纺织出版社，2018.

[4] 迟志臣 . 决定孩子一生的 100 个关键细节 [M]. 北京：中国纺织出版社，2010.

[5] 丁连信 . 学前儿童家庭教育 [M]. 北京：科学出版社，2011.

[6] 范晓军 . 放养，让孩子像孩子那样成长 [M]. 沈阳：辽宁人民出版社，2019.

[7] 何小英，魏华，李丛 . 不急不吼 轻松养出好孩子 [M]. 北京：人民邮电出版社，2018.

[8] 静涛 . 左手爱孩子 右手立规矩 [M]. 上海：立信会计出版社，2015.

[9] 李本友，罗生全 . 家庭教育学 . 幼儿家长篇 [M]. 北京：中国轻工业出版社，2015.

[10] 李红萍 . 关爱从心开始 [M]. 西安：西安交通大学出版社，2012.

[11] 李辉 . 学前儿童社会教育 [M]. 南京：东南大学出版社，2016.

[12] 李茜 . 我的孩子在想啥？[M]. 成都：成都时代出版社，2011.

[13] 李群锋 . 儿童沟通心理学 [M]. 苏州：古吴轩出版社，2017.

[14] 梁革兵 . 让爱伴随孩子成长 [M]. 北京：中国商业出版社，2007.

[15] 刘小军 . 没有原则的父母，教不出有教养的孩子 [M]. 天津：天津人民出版社，2019.

[16] 刘颖 . 80 后新爸妈育儿经 [M]. 北京：蓝天出版社，2010.

[17] 卢莉 . 不打不骂 巧教妙养：培养最棒孩子的 36 种方法 [M]. 北京：中国妇女出版社，2010.

[18] 庞向前 . 儿童情绪心理学 [M]. 北京：当代世界出版社，2018.

[19] 齐菲，柏燕谊，赵冬杉 . 孩子，你的情绪我最懂 [M]. 北京：新时代出版社，2013.

[20] 钱荣 . 儿童青少年沟通心理学 [M]. 北京：西苑出版社，2020.

[21] 施芹 . 好妈妈胜过好老师 [M]. 汕头：汕头大学出版社，2014.

[22] 孙云晓，邹泓，晏红 . 好习惯 好人生：怎样培养小学生的好习惯 [M]. 北京：北京出版社，2005.

[23] 王国志，冯宇 . 这样做父母最成功 [M]. 天津：天津科学技术出版社，2010.

[24] 王极盛 . 教育问题的心理解惑 [M]. 成都：四川科学技术出版社，2018.

[25] 王佳玫 . 如何做不焦虑的父母：天赋教育法 [M]. 北京：电子工业出版社，2021.

[26] 王希永，瑞博 . 家庭心理教育艺术 [M]. 北京：开明出版社，2000.

[27] 王新荣 . 孩子独立前你要教会他的 55 件事 [M]. 北京：北京工业大学出版社，2012.

[28] 王银杰 . 儿童行为心理学 [M]. 北京：当代世界出版社，2018.

[29][美] 威廉·A. 科萨罗著，程福财等译 . 童年社会学 [M]. 上海：上海社会科学院出版社，2014.

[30] 文祺 . 正面管教，逆商成就孩子的未来 [M]. 北京：应急管理出版社，2019.

[31] 武庆新 . 父母懂得如何爱，孩子才能有未来 [M]. 北京：中国商业出版社，2012.

[32] 薛素珍，柳林 . 儿童社会学 [M]. 济南：山东人民出版社，1985.

[33] 阳建辉 . 抗挫折启蒙书 [M]. 北京：北京工业大学出版社，2014.

[34][德] 尤尔根·哈贝马斯著，曹卫东译 . 交往行为理论（第 1 卷）[M]. 上海：上海人民出版社，2018.

[35] 云晓，白山 . 培养优秀孩子的 10 堂关键课 [M]. 北京：地震出版社，2009.

[36] 韵蓉 . 捕捉儿童敏感期的 100 个细节 [M]. 北京：中华工商联合出版社，2014.

[37] 张美华 . 好孩子从妈妈的好耐心开始 [M]. 北京：中国妇女出版社，2008.

[38] 张少微 . 儿童社会问题 [M]. 贵阳：文通书局，1942.

[39] 张文新 . 儿童社会性发展 [M]. 北京：北京师范大学出版社，1999.

[40] 赵丽娟 . 父母正思维带给孩子正能量 [M]. 北京：企业管理出版社，2013.

[41] "儿童形象"的知识生产与教育反思——以卢曼的社会系统论为视角，2020（5）：99-105.

[42] 陈莉 . 从社会学视角透析儿童社会化偏差现象 [J]. 幼儿教育（教育科学版），2007（5）：1-4.

[43] 李佳楠 . 论哈贝马斯的交往行为理论 [J]. 法制博览，2019（15）：282-283.

[44] 刘佩 . 社会学视角下的亲子互动与学龄儿童学习行为问题 [J]. 科教文汇（上旬刊），2008（4）：53.

[45] 罗小菁 . 幼儿行为观察与分析研究的实施策略 [J]. 魅力中国，2021（7）：155.

[46] 赵学菊 . 幼儿"反抗行为"与班级规范合理性的社会学分析 [J]. 学前教育研究，2004（1）：9-11.